浙江省普通高校"十三五"新形态教材

鞋类造型设计

主编 李 贞

参编 叶筱卉 谢婉蓉 童 希 谢丹映
　　 李 磊 任晓波 施昭仪 韩建林

U0216517

中国轻工业出版社

图书在版编目（CIP）数据

鞋类造型设计 / 李贞主编. —北京：中国轻工业
出版社，2021.10
ISBN 978-7-5184-2581-5

Ⅰ. ① 鞋… Ⅱ. ① 李… Ⅲ. ① 鞋—造型设计 Ⅳ.
① TS943.2

中国版本图书馆CIP数据核字（2019）第153999号

责任编辑：李建华　陈　萍　　责任终审：滕炎福　　整体设计：锋尚设计
策划编辑：李建华　　　　　　责任校对：吴大鹏　　责任监印：张　可

出版发行：中国轻工业出版社（北京东长安街6号，邮编：100740）
印　　刷：三河市万龙印装有限公司
经　　销：各地新华书店
版　　次：2021年10月第1版第2次印刷
开　　本：787×1092　1/16　印张：13.25
字　　数：270千字
书　　号：ISBN 978-7-5184-2581-5　定价：52.00元
邮购电话：010-65241695
发行电话：010-85119835　传真：85113293
网　　址：http://www.chlip.com.cn
Email：club@chlip.com.cn
如发现图书残缺请与我社邮购联系调换
211200J2C102ZBW

前言
PREFACE

本书是第一批完成认定的浙江省在线精品开放课程"鞋类造型设计"的配套新形态教材。本教材与传统鞋类设计教材不同，没有大量的美术知识，不单单以款式效果图设计为主要内容，而是根据企业实际设计流程，直接从专业知识入手，将鞋类产品分解成饰扣、配件、面料等数十个独立项目分别进行造型训练，培养学生具备一定的造型能力，再提升到经典的系列款式设计环节。

第一、二章从相关的鞋类设计的基础知识开始，筛选与鞋类产品紧密联系的部分设计构成知识和技法，形成专业理论部分；第三、四章中，将鞋类产品分解为单个配件和配饰，包括鞋眼、鞋珠、鞋扣、鞋带、拉链、松紧带、鞋钻、铆钉、鞋花、流苏、链条、装饰扣等内容，设计独立项目进行教学训练；在第五章中，增加了工艺设计的造型内容，包括针车线、手缝线、冲孔、起埂、褶皱、电绣等6个局部造型进行独立的项目教学训练；第六章中，列举了斑马纹、豹纹、鸵鸟纹、鳄鱼纹、蕾丝、毛皮等6个鞋类产品中造型相对有难度的面料进行专项项目教学训练；第七章以男鞋、女鞋基础性款式为例，介绍鞋类款式的基本造型特点和主要的造型手法，帮助大家能够独立完成鞋类款式的造型；第八章则以经典性款式为例，包括浅口鞋、一字凉鞋、牛仔靴、牛津鞋、沙滩鞋、运动鞋、儿童慢跑鞋、儿童豆豆鞋等8个款式，帮助大家学会利用资源，进行有效素材收集、设计分析、色彩配色，能独立进行鞋类款式的系列设计开发。

为了增加教材的针对性和适用性，我们特别对全国多家知名企业和鞋类专业院校进行了考察，并联合多名知名企业资深设计师和专业教师进行本书的编写和技术支持。在本书的编写中，温州职业技术学院的李贞老师负责主要内容的编写，温州大学叶筱卉老师、温州职业技术学院谢婉蓉老师承担大量的图片处理，重庆工贸职业技术学院任晓波老师、泉州轻工职业学院施昭仪老师、黎明职业大学韩建林老师、山东轻工职业学院李磊老师、温岭市太平高级职业中学童希老师、温州第十八中学谢丹映老师参与了款式设计的案例编写，杜斯佳、李雅雯、吴梦婷同学协助完成了图片编号等工作。另外，本书优秀作品均选自温州职业技术学院鞋类设计与工艺专业1101、1501等历届学生作业，在此深表感谢。

本课程在智慧职教平台（课程网址：https://www.icve.com.cn/）上可以同步学习。

由于编者水平有限，书中难免有不足之处，恳请广大读者批评指正，我们将不断地进行修正和完善。编者邮箱：644709639@qq.com。

李 贞

2019年3月于温州职业技术学院

目录
CONTENTS

目录

CONTENTS

第一章
鞋类设计基础

　　鞋类设计的根本，源于人们对鞋类产品的不同需求，包括物质需求和精神需求。物质需求是指鞋类产品对人的实用性上的满足，鞋类的实用功能是指鞋类满足人的生理和实际目的的一种属性，鞋类的实用功能是这种产品赖以存在的基础。不同的人、不同的职业对鞋类有具体的实用性要求，例如足球运动员对鞋有自己职业需要的特殊实用性要求，炼钢工人也有自己职业需要的特殊实用性要求，因此，鞋类设计首先要考虑满足人们对产品的实用需要，这一点在设计职业专用鞋时非常重要。

　　随着生活水平的发展，人们更加关注对鞋类产品精神方面的需求，即这种产品对人的一种审美性和象征性上的满足。不同的产品，其物质功能、审美功能和象征功能作用于人的程度不同，服装、鞋帽这些直接装扮人的产品，通常情况下，它们的审美功能和象征功能比较突出，尤其是审美功能更是被人们所看重。人的精神性、社会性，使人对产品除了实用功能的需求外，还要求产品能带来一种精神上的满足，这是对产品审美性和象征性的一种心理需求。产品审美性是通过产品外在形式来表现的，因此，鞋类设计师需要认真研究美学、艺术学、形态构成学、色彩学；针对鞋类产品的象征功能，还要研究心理学、行为科学等。产品的精神功能同人的物质生活水平紧密相关，据统计，当一个地区国民生产总值达到人均1000美元左右时，人们的消费方式和追求便开始出现明显变化。这时人们进入追求消费中的自我价值体现的感性消费阶段，这种感性消费的突出特征是对产品审美性和象征性的追求。

第一节　鞋类设计概述

　　鞋类设计是指鞋类设计师为满足人们对鞋类产品的物质与精神双重需求，运用一定的思维形式和设计方法而拟定的一种计划与方案。

一、鞋类设计师

鞋类设计师或鞋样设计师在我国并非是一种正式职业称谓，也没有明确的含义界定。目前，行业中普遍称谓的设计师或鞋样设计师通常是指企业中的鞋类结构与样板设计人员。样板师与工艺技师严格说属于企业中的技术人员，是研究解决由设计到实物转化过程中出现的结构、工艺等诸问题的专业技术人员。

鞋类设计师首先应认真研究人的脚部生理结构及形态特征、人体工程学、下肢生理机能和运动机能；研究形成鞋类产品的各种因素，如制鞋材料、结构构成、工艺技术、价值工程、市场等；还要研究鞋类产品如何更好地与使用者沟通，如营销、包装等。真正意义的鞋类设计师应是能沟通与解决人—产品—社会—企业之间关系和矛盾的专业人员。他们具有赋予鞋类产品以美的形态、色彩和表面装饰等方面的能力。在创造鞋类产品更为合理的使用方式或实用功能方面，鞋类设计师同样应具有敏锐的观察力和设计能力。

鞋类设计工作必须有一个合理、有效、系统的工作方法。鞋类造型工作实质是在满足实用功能前提下进行的一种艺术造型。从这个角度看鞋类设计师应该是形象思维见长的人，是一位视觉艺术家，擅长于形态创造，敏感于色彩语言的把握，以及从审美角度出发，对材料进行合理与美感的运用。

综上可以看出，鞋类设计师应具有多方面的知识和能力。由于鞋类设计最终完成需多个环节配合进行，因此，鞋类设计师除要具有扎实和过硬的专业知识外，同时还要具备很好的合作能力，并在实践中不断积累经验，提高自己。

人对鞋类的物质功能（实用性）和精神功能（审美性、象征性）需求既有普遍性又有个别性，这种功能需求的个别性是由人的不同条件决定的。对同一种产品，特定条件下的人有特定需求。例如，在产品造型审美上男性和女性有差别，成人和儿童不一样，收入高的与收入低的人不同，社会地位高的与社会地位低的也各有所好等。可见鞋类设计师只理解了产品的物质功能和精神功能还不足以使产品满足特定条件下的人的特定需求，还需要设计师深入分析、了解产品使用者的特点和条件，了解影响鞋类使用的其他因素，如流行文化、鞋类时尚、市场条件、新材料、新工艺等。综合研究上述诸因素，才能加深和正确理解鞋类设计工作的内涵和宗旨，才能有效开展鞋类设计工作。

二、产品属性

鞋类产品首先是一种产品，我们需要了解它的相关产品属性。所谓产品不只是技术产品，还应具有丰富的内涵和具体性。一种产品的出现，它包含了特定的需求，如材料、工艺、技术、销售、管理、宣传、资金、文化等诸多因素。

鞋类设计师也可以说是从事鞋类这一具体工业产品设计的工业设计师。因此，工业设计素养在鞋类设计师的知识结构中是必不可少的组成部分。鞋类设计工作是对鞋类这一特定产品的设计，它有自己独特的生产方式和工艺手法，鞋类设计在转变为产品实物过程中必须依靠样板和工艺才能得以实现。这就要求鞋类设计师了解脚型规律、脚的形态结构、脚部生理机能、脚部运动机能及鞋楦设计、鞋类结构与样板设计、制鞋工艺等方面的专业知识。

而工业设计是由系统理论体系组成的，涉及诸多专业知识，本节只介绍工业设计的基本原则、原理、宗旨，以使其在鞋类设计中发挥指导与借鉴作用。

三、工业设计

（一）工业设计的含义

工业设计是指以大工业批量生产的产品为设计对象，运用技术和艺术视觉能力，创造出具有新的实用功能或外观造型的产品，它涉及工程技术和艺术等诸多方面。

人类面对的物质有两种，一种是自然物质，即没有人类影响和作用过的自然存在物；另一种是人类对自然物加工、改造后的物质，我们称这些人造产品或物质为人为事物。而人为事物的重要特征就是它具有设计性，是根据一定目的和条件来制定计划、方案，并实施加以完成的。

工业设计主要研究人与产品、社会三者关系如何协调发展，它的价值取向和根本目的就是通过科学和人性的设计为人类创造一个更合理的生存（使用）方式，也就是说用工业设计的观念、方法设计出更合理的产品。

（二）工业设计的基本观念

1. 工业设计是为人类创造更合理的使用方式

在工业设计发展进程中，对工业设计的认识存有诸多错误的认识和观念，比较典型的认识是认为工业设计是对产品的造型设计。诚然，一切工业产品都需要用造型来表现，但工业造型并不只是一个单纯的形态构成，它涉及消费者、产品材料、产品功能、产品技术、产品流通等种种问题。这种观念仅仅停留在满足人对产品的一种审美需要上。应该说对工业产品进行造型设计只是工业设计一个层面，它属于工业设计，但不是全部，不能完全等同于工业设计。当然，有些产品的造型设计是其设计工作主要内容，如鞋、服装、各种饰品等。

另一种错误的认识是将工业设计理解为是对技术的运用和设计。这种观念在目前我国制鞋行业非常普遍，很多管理人员和技术人员认为鞋类结构与样板设计就是产品设计，认为只要解决这些技术问题就是把握住了整个设计过程，就能使产品满足需求。事实上，鞋类产品与人的关系并非如此简单。

例如，同为士兵穿用的野战靴，由于环境不同，对其功能要求也不同。在热带丛林，野战靴应设计得防穿刺、透气、防蚊虫和毒蛇袭击，颜色、图案应与丛林环境色近似，以求隐蔽；在热带沙漠，野战靴要设计得密封、透气性强等；在寒冷地带，野战靴的保暖性和防滑性是首要考虑因素。职业相同，由于自然环境不同，对野战靴的实用功能要求有了具体性。在民用鞋上，造型款式是消费者注意的焦点，但不同消费者对鞋的审美需求不同，他们对鞋类形态、色彩、材质、图案等审美需求存在较大差异。从鞋的实用功能上考虑，为适合儿童脚生理发育快的特点，儿童鞋要求鞋腔（楦体）饱满，鞋口沿条最好做成包有海绵的软口，以防孩子活动时磨伤脚腕；在鞋的开闭功能上要注意抱脚的牢固性和开闭的方便性；在鞋底底纹设计上除注意纵向防滑设计，还要注意横向防滑设计，这主要是考虑儿童好动的天性，在奔跑时方向多变易滑倒。因此，在产品开发设计时，不能只陷入对产品内部因素的研究，片面认识产品的物质功能和审美功能，要看使用产品的人的具体要求和条件。

鞋的基本功能是保护脚及活动行走，人们一般是从这个角度出发，研究和改善如何使鞋类产品更透气、更吸湿、更轻便、更避震等。单纯的提高功能性，并不能解决人们在特定环境、特定条件下的特定需求，比如旅游鞋要比正装鞋更适宜于出门游玩；隐藏式增高鞋给身材矮小的男性带来自信；寒冷地区如果开发设计出休闲和娱乐健身两用鞋（在特制鞋底下装入隐藏分离式的小型冰刀，刀刃不要锋利，使之能够滑雪），肯定大受青少年欢迎；在我国南方潮湿多雨地区用防水皮革做的鞋要比其他材料做成的鞋更有吸引力。总之，不同人、不同使用目的、不同条件、不同时间、不同环境有不同的使用方式及需求，对产品的功能需求也就不一样，有的可能是全新功能，有的是在基本功能基础上衍生出附加功能。

人类社会在发展变化中，对客观规律的认识、观念、社会准则、生活需求、工作需求、娱乐需求、健康需求等也都是在不断变化和调整的。合理只是相对的合理，工业设计就是一个人类不断追求合理的生存（使用）方式的过程。合理的生存（使用）方式不是凭空可以创造的，人作为工业设计服务的对象，必然要深入研究人及人的需求（生理、心理种种需求），人的需求是创造合理生存（使用）方式的根本依据，是产品设计的根本出发点。

人具有两种重要属性，即自然（生物）属性和社会（精神）属性。这两种属性反映到产品上，一种是对产品的实用功能需求，另一种是对产品的审美和象征功能需求。不同的产品对这两种功能需求侧重点不同，鞋类产品和服装特别侧重于审美、象征功能，而仪器、机床、飞机等产品侧重于实用功能的优良。无论产品侧重哪一方面，作为设计师都要全面研究人的物质需求和精神需求。

从人的生物性以及实现产品物质功能的角度出发，必须研究以下几个方面：

①研究了解人的生理解剖结构、人体工程学、人体运动机能、行为科学等，使设计出的产品满足人的生理需求。

②研究形成产品的各种因素，如工艺技术、结构构造、材料性能、价值工程、市

场学等，使产品能从设计转化为实物。

③研究产品市场流通方式，如广告学、CI（Corporate Identity）策划等，沟通消费者与产品的交流。

从人的社会性以及实现产品的精神功能出发，必须研究以下两个方面：

①针对产品的审美功能，研究美学、色彩学、形态构成学、素描、图案等，使设计出的产品具有美的造型，给人以美的享受。

②针对产品的象征功能，研究心理学、哲学、社会学、人类学等。

通过对上述诸因素研究，产品设计工作才能真正把握住创造合理需求（使用）方式的根本依据。

2. 产品外部因素——工业设计的起点

任何一种产品的出现都是内、外部因素共同作用的结果。产品内部因素是指保证产品功能得以实现的各种生产因素，如原理、构造、材料、工艺、技术、设备、管理等。产品内部因素只能决定产品功能高低，而不能使功能具体化、个性化。

产品外部因素是指决定人对产品特定需求的因素，主要有特定使用者（性别、年龄、职业、教育、习俗、地域、收入等）、使用目的、使用过程、使用环境、使用条件、使用时间点、使用地域等。影响产品合理设计的是产品外部因素，即特定使用者、使用目的、使用环境、使用时间等，产品使用者是具体化了的有特定需求和使用产品方式的人。因此，只有深入研究这些产品的外部因素，才有可能给人们创造一种更合理的使用方式，这是从事工业设计必须明白的一个基本原则。

[作业1]阐述你对鞋类设计师的工作职能的理解。
[作业2]阐述工业设计与鞋类产品设计的共性与差异。

第二节 鞋类产品分类

鞋类产品种类繁多，由于鞋的使用者、用途、工艺、结构、材料等因素不同，各种鞋类呈现出不同的特点与风格。对于设计人员来说，了解鞋的分类可以帮助设计人员明确设计目的，并围绕这一目的、要求更好地开展设计工作，恰当、深入地构思鞋类产品的款式、功能以及正确选择新产品的基本结构式样、加工工艺和主辅材料，设计、生产出满意的产品。鞋类产品根据用途分类，某些鞋品的命名还没有完全统一，内涵也没有严格的界定，有的鞋品称呼只是一种约定俗成的叫法或某个地域的习惯称呼。有些鞋品从外观形式上看很难区分，只是在具体用途上加强了某种功能设计。总体看，目前鞋产品有大致以下几种分类方法及相关内容含义。

1. 按生产工艺分类

目前，制鞋生产工艺主要有五种，分别是缝制工艺、胶粘工艺、模压工艺、硫化工艺和注压工艺。相应的鞋类命名可以叫线缝鞋、胶粘鞋、模压鞋、硫化鞋和注压鞋。

2. 按结构式样分类

鞋类结构式样从大的方面分有耳式鞋、舌式鞋、浅口式鞋、"包子鞋"、带式鞋、凉鞋、拖鞋、高腰鞋和筒靴。按具体工艺特征和结构形式可以分出更多的鞋品名称。按前帮工艺特征命名的有包头鞋、燕尾包头鞋、镶盖鞋、围盖鞋、缝埂鞋、皱头鞋、花边鞋、花孔鞋、穿花鞋、编织网眼鞋等。按鞋帮整体形式和具体结构形式命名的鞋有三节头鞋、素头鞋、高筒靴、半筒靴、低筒靴、内耳式鞋、外耳式鞋、耳扣式鞋、横条舌式鞋、浅口舌式、丁带式鞋、一带式鞋、叉带式鞋、橡筋鞋、前开口式鞋、旁开口式鞋、拉链式鞋、满帮式凉鞋、全空式条带凉鞋、中空式凉鞋、前满后空式凉鞋等，还可以分得更细，在此不一一列举。

3. 按制作材料分类

目前，按鞋类材料分类主要有皮鞋、胶鞋、布鞋和塑料鞋四种。

4. 按鞋底式样分类

按鞋底式样分类主要有带跟底和无跟底两大类，带跟鞋有平跟鞋、半高跟鞋、高跟鞋，无跟底有坡跟底鞋、薄底无跟鞋、厚底无跟鞋、半厚底无跟鞋等。

5. 按穿着季节分类

按鞋类产品穿用季节分有单鞋、棉鞋和凉鞋。

6. 按生理特征分类

按穿用者生理特征分有男鞋、女鞋和童鞋。

7. 按穿用功能分类

对于鞋类设计人员来说，鞋产品按穿用功能分类对开展设计工作更有实际意义。特定的消费者对产品有特定的穿用功能需求，不同的鞋类除共有的穿用功能外，还都有自己特有的使用功能。休闲鞋穿的是一种舒适，正装鞋穿的是一种品位和地位，而前卫鞋穿的是一种个性。设计师应该根据特定消费者和鞋类特有穿用功能进行合理的设计与开发。

[作业] 阐述鞋的种类，尝试绘制不同鞋靴种类的效果图。

第三节　鞋类设计特性

鞋类设计特性是由它的生产、消费和设计服务对象特点所决定的，由此形成了它特有的设计规律和设计语言。

鞋类设计以人的脚（包括腿部）作为设计对象，设计内容以款式造型为主，实用功能开发为辅。鞋类设计师偏重于艺术造型，但鞋类设计又不是纯艺术品的创作，而是沟通生产与消费的桥梁和纽带。鞋类设计必须牢固树立鞋类是产品和消费用品这一观念。作为产品时，鞋类设计必须满足企业获取利益的要求并符合企业的生产条件；作为消费品时，鞋类设计必须满足人的生理、心理需求。鞋类设计有如下特性：

1. 鞋类设计与脚型

鞋类设计以造型为主，鞋类造型设计与其他产品造型设计相比，它的最大特性是对脚部形态的依赖性，或者说，鞋类的形态必须要符合脚的形态。一般情况下鞋类外观形态不做过大变化，设计师是在一种形态的局限性中寻求设计变化。设计师更多的造型工作是放在鞋类帮面的平面造型、鞋类头式造型变化和跟、底、色彩、材质（肌理）、图案、配件、装饰工艺、鞋类帮面立体构成等造型变化上。

2. 鞋类设计与鞋楦

鞋楦造型决定鞋类的基本形态。在制鞋工艺上，鞋楦是鞋类成型必不可少的模具，在鞋类造型设计中楦型起着非常重要的作用。鞋楦设计有两个基本依据，一是依据脚型规律，也就是使鞋楦形态（包括底部）符合脚的形态（包括脚运动中的变化形态），使脚穿在鞋中感到舒服。如果鞋楦造型变化无度就可能使脚在鞋中不舒服，如鞋压迫脚、不跟脚，严重的还可能使脚穿不进鞋中，另外在生产中也可能发生不能将鞋楦从鞋中拔出的情况；二是鞋楦设计要有创新性和时尚美感，鞋类款式造型的美感和时尚感在鞋类头式造型上有较大表现，而鞋类基本形态、头式造型是由鞋楦造型决定的。因此，鞋楦设计在满足脚型规律前提下，还要特别注意鞋楦造型美感、时尚感和创新性。鞋类造型设计工作与鞋楦设计的相关性使鞋类设计师离不开对楦型的利用和设计。

［作业1］绘制一张成年男性和成年女性脚型骨骼结构图。

［作业2］绘制一张男童和女童脚型骨骼结构图。

［作业3］绘制一张男鞋和女鞋鞋楦效果图。

［作业4］绘制一张男童和女童鞋楦效果图。

第四节　鞋类设计原则

鞋类设计是综合性设计，它必须符合产品商品的特性，又需要局部有一定的艺术特质，设计中必须遵循一定的设计原则。鞋类设计的主要内容是造型设计，鞋类是一种工业产品，即鞋类形式美的创造离不开一定的技术、物质条件和设计服务对象的条件、需求。鞋类设计师进行造型设计必须要在满足产品实用性、经济性、物质条件（材料、设备等）、技术条件和特定消费需求的前提下开展。

1. 实用性原则

实用是鞋类设计的首要和基本原则。鞋类首先是符合人脚生理结构和满足活动需要的产品。不能满足这一基本需求，设计出的鞋类等于没有了存在依据。鞋类产品的实用性原则是其他原则的基础，鞋类实用性原则表现为设计出的鞋类要能穿、好穿，职业用鞋要能满足穿用者职业功能的需求。但在鞋类具备基本实用功能后，实用功能与鞋类产品的其他功能相比并非是最主要功能，因此，在具备实用功能的前提下，应把鞋类设计重点放在款式造型设计上。

2. 生产原则

鞋类设计的生产原则是指设计出的产品要符合企业现有生产条件和材料供给条件，企业生产条件包括技术能力、设备能力、员工素质、管理能力、资金能力等。材料供给条件是要求设计师要充分考虑材料在品种、花色、价格和数量上是否能够满足设计要求。材料包括面料、底料、饰件、鞋楦等。生产原则同样也是设计的基本原则，设计师脱离企业实际生产能力和材料供给情况，其设计就如没有根基的"空中楼阁"，失去了存在的可能。总之，生产原则要求设计师在进行新产品设计前必须要了解现有的各种生产条件。

3. 创新原则

创新是设计在满足实用前提下的最高原则。鞋类设计创新分为实用功能创新和款式造型创新，其中鞋类款式造型创新设计是鞋类设计工作的主要内容。从鞋类历史和未来发展趋势看，鞋类实用功能的创新范围和程度有一定局限性，而鞋类款式造型的创新设计更具有经常性，对消费和生产更具影响性。款式创新设计已成为企业间竞争的焦点，鞋类款式造型创新能力是衡量一个鞋类设计师水平的主要标准。

4. 美观原则

鞋类款式造型创新设计的标准就是美观、新颖，是针对特定对象的鞋类形式美创新。人们通过鞋类新颖、美观的造型，获得一种审美的愉悦和个性、品位展现的满足。以现代质量观来看，产品由核心品质、形象品质组成。核心品质指产品工艺质量和实用性，形象品质包括产品造型、产品包装等，产品造型实质就是对产品进行美感的形式创造，缺乏美感，造型也就失去了灵魂。

5. 价值原则

产品价值在于产品能给人带来某种生理或心理上的满足，这种价值可以是有形的，也可以是无形的，可以是物质财富，也可以是精神财富。鞋类设计价值原则表现为三个方面：①好的鞋类设计可以为消费者带来物质（新的实用功能）和精神（审美和象征方面）两个方面享受。如英国发现的一种发电鞋，可以通过安装在鞋底的一种装置把动能转化为电能，并存于电池中，这种发电鞋可以解决野外工作人员用电问题。在审美方面，一款设计精美的鞋类无疑犹如一件艺术品，可以给穿用者带来一种精神上的满足。②好的鞋类设计，应尽量多为企业创造经济效益，设计师通过价值工程分析，选择投入产出比最好的设计方案，以尽量少的投入，创造最高的市场回报，优良的设计为企业创造的价值不仅仅是看得见的物质财富，它还能给企业创造无形资产，如品牌和企业形象知名度等。③设计价值体现在可以为社会创造物质和精神财富。好的鞋类设计可以给人以美的享受，提高人们的鉴赏力，以此带动人们对美的向往和追求。

6. 流行原则

当社会经济发展到一定程度，人们的日常消费中经常出现对某种商品消费有一种共同倾向，于是形成了一种流行，在流行商品中尤以服装和鞋类流行性表现得最为广泛和突出。鞋类流行意味着消费者对某种式样或功能的鞋类有较多的认同，这种趋同消费对制鞋企业来说，如果产品符合流行，肯定市场反应好，企业自然也就可以得到丰厚的经济效益。因此，鞋类设计师在进行产品设计开发时，一定要对产品投放区域进行流行分析和预测，以使自己设计的产品符合流行趋势，创造出好的市场效益。

[作业1] 阐述生产原则在鞋类产品中的运用。
[作业2] 阐述流行原则在鞋类产品中的运用。

第五节　鞋类发展历史

人类穿鞋的历史相当久远，鞋具体起源于何时、何地，无法考证，但有一点可以推断出，鞋类起源应该与服装的最初出现时间大致相同，大概产生于新石器时代。当时的原始先民使用各种石器、棍棒，出没于山川、森林、河谷、草原，猎捕动物，他们将猎到的动物带回洞穴与其他同伴共同"食其肉而用其皮"。服装的最初材料及形态大概就是原始先民用这些兽皮围裹在腰间而形成，同时，原始先民为了避免或减轻自然界对脚的伤害（如刺伤、硌伤等），他们不仅用兽皮围在身上，而且大概也知道用这些兽皮来保护脚，就是用兽皮直接、简单地将脚包裹住，这样也就产生了最原始的"鞋"。

一、中国鞋类发展历史

我国史书将服饰分别称为首衣、上衣、下衣和足衣，所谓足衣便是古人对鞋子和袜子的总称。远古时代，生产工具非常原始、简单，那时人类还没有学会纺织，处于一种"妇人不织，禽兽之皮足衣也"的时代。人类从赤足到"穿"上以皮裹脚的"鞋"经历了相当漫长的时间，在人类服饰史上具有划时代的意义，是一种原始智慧的伟大表现。

马家窑墓葬中出土了一件氏族公社时期的陶器，上面有一个穿鞋的人的形象，马家窑文化属于新石器时代，距今5000~5800年前，是传说中的炎帝和黄帝时代。后来在辽宁凌源牛河梁红山文化（公元前3500年）遗址中，又发现了一件左足穿着短筒皮靴的裸体少女红陶塑像，这只短筒皮靴特征非常明显，从而使我国皮鞋制造史上溯到5500多年前。后来在我国新疆哈密王堡墓地又出土了3000年前商朝长筒皮靴，这只靴由靴面、靴底、靴筒三部分组成，以细皮条缝制而成。20世纪80年代初，我国考古工作者在对楼兰古国进行考古挖掘时，意外地发现了一具后来被称为"楼兰美女"的女干尸，女尸脚上穿着一双羊皮女靴，这是我国迄今为止发现的年代最久远的实物皮靴，经测定女靴距今年代约为3880年。整双靴子由靴筒和鞋底两大部分组成，全靴用筋线缝制而成，工艺相当精巧。靴子的帮、底部件制作与现代鞋类生产组合相似。这说明4000年前还处于原始社会的古代楼兰人已脱离了穿裹脚皮的原始"鞋"的状态。

在我国鞋类历史上，"鞋"字的出现较晚，过去的"鞋"字为"鞵（xie）"，别称有履、舄（xi）、屦（ju）、屐（ji）等。履在中国古代也是鞋的总称，在各种履中，舄履地位最高，这种履是达官贵人在朝觐、祭祀等重要场合穿用的。舄履的底用较厚的木头做成，帮面材料多用丝绸。屦是指古代人用麻、葛做成的鞋。屐是指木头做成的鞋。中国历史上很早就有冠服制度，服装、鞋、帽不仅仅用于穿戴，还是人尊卑贵贱的区别及象征。统治者为此制定了严格的服饰、着装制度，商周时期，冠服制度逐渐建立，当时规定贵族可以穿色彩华丽的革履或绸履，而平民和奴隶只能穿着葛布、麻和草做成的鞋或者赤脚。汉代鞋履制度规定，祭服穿舄，朝服穿履，燕服穿屦等。唐朝是我国封建社会鼎盛时期，对外来文化兼收并蓄，胡姬、胡舞、胡酒风行一时，在服饰上唐人既尊古制又不断创新，其中鞋履就有凤头、鹤头、云头、如意等各种变化。明代鞋履穿着制度与唐朝相仿，但鞋履式样有了一些改变，大概受游牧民族的影响，明代上层社会鞋类花样较多，有皂靴、钉靴、油靴等，明代公差还穿一种叫作快靴的鞋。到了清朝，满族妇女穿一种"花盆底"鞋，而汉族妇女则深受裹脚习俗的残害，普遍穿小脚鞋。

近代，各种洋货开始充斥旧中国市场，其中现代意义的各式洋皮鞋也相继出现在上海、广州、天津等沿海大城市，从19世纪末到20世纪初，一些外国和中国商人先后在上海、天津、北京等地开设了现代意义的皮鞋经销店及鞋厂，以自产自销的形式生产和销售皮鞋。当时的制鞋业基本是作坊式生产，规模较小，几乎都是手工生产。最初国人是通过对进口"洋皮鞋"的修理中逐渐明白了"洋皮鞋"的结构和制作工艺，然后进行仿制，逐步掌握了这些"洋皮鞋"的生产技术。从此，各种现代意义的皮鞋逐步在各地出现。中华人民共和国成立以后，我国制鞋工业得到了很大发展，尤其是20世纪80年代改革开放以来，我国制鞋工业得到了前所未有的大发展，到90年代末，中国鞋类产品生产量几乎占到世界鞋类产品生产总量的一半，对外贸易量也几乎达到世界鞋类贸易总量的一半，中国已成为世界鞋类产品生产加工和贸易中心。

二、国外鞋类发展历史

鞋类在国外同样有着悠久的历史，史前北美洲先民已开始穿一种构思巧妙的草编凉鞋，用以保护脚不受伤害。在古代埃及，鞋较之其他服饰用品显得更为贵重，当时，鞋是有身份的人才能穿用的。古埃及鞋多用一种叫Papyrus的纸莎草或芦苇、棕榈的茎、叶做成的。古罗马时代的人将鞋类与衣服看成同等重要的服饰用品，鞋类除了具有实用功能以外，还是地位和阶层的象征，鞋类形态和颜色都具有一定社会象征意义。例如，平民穿的一种皮条编的短靴，禁止奴隶穿用；元老院成员穿的靴子，是用小牛皮做的，这样靴子比较柔软，而皇帝的鞋是用红色皮条编成的。鞋类在古罗马上流社会是一种十分重要的时髦消费品。据说女高跟鞋是14世纪意大利佛罗伦萨一位小姐去法国参加婚礼时首先开始穿着的，接着其他法国人也都跟着效仿，从此，高底鞋便开始流行起来，并持续到现在。高跟鞋当初有整块底的也有分开的，一般由木头刻成。到了1695年，现代形式的高跟鞋出现了。到了18世纪法国路易十五时代，男鞋的造型与现代鞋的外观越来越接近，做工也很精巧。那时的法国男鞋款式上女性味很浓，欧洲女鞋造型也越来越接近现代女鞋。女鞋的鞋面基本都是用绸、缎或亚麻布做的。那时，鞋是比较贵重的东西，为了不被泥水、灰土弄脏，人们穿鞋外出时，再在鞋的外面穿一个拖鞋式的套鞋。这个时期还产生了著名的"路易式高跟"，这种鞋跟造型有优美的曲线，至今流行不衰，并产生了许多变化。19世纪后期欧洲出现的各种鞋款已与现代一些鞋的样式没有多少区别。

[作业] 以鞋靴效果图形式，手工绘制中国鞋类发展史简图和国外鞋类发展史简图各一张。

第六节　鞋类设计工具

鞋类款式效果图因表达的目的和内容不同而有不同的表现形式，各种新材料的出现也给设计师带来了越来越多的表现手法。对于设计师而言，对工具的熟悉程度与表现效果紧密相关，同样的表现内容，运用不同的绘画工具和材料，达到的效果则完全不同。效果图因工具和材料的性质不同而运用不同的技法，因此，熟练掌握各种工具和材料的特性是设计师表现好的鞋款平面效果图的前提。

一、颜料

1. 颜料的定义

鞋样效果图中，款式的面料颜色、质地等单靠铅笔或勾线笔是难以表现的，必须借助于颜料。颜料是一种具有装饰和保护作用的有色物质，它不溶于水、油、树脂等介质中，通常是以分散状态用在油墨、塑料、橡胶、陶瓷、纸张等产品中，使这些制品呈现颜色。它具有遮盖力、着色力，对光相对稳定，常用于配制涂料、油墨以及着色塑料和橡胶，因此又可称为着色剂。

2. 颜料的分类

颜料不同于染料，一般染料能溶解于水或溶剂，而颜料一般不溶于水。染料主要用于纺织品的染色，不过这种区分也不十分明显，因为有些染料也可能不溶于水，而颜料也用于纺织品的涂料印花及原液着色。从化学组成来分类，颜料可分为无机颜料与有机颜料两大类，就其来源又可分为天然颜料和合成颜料。天然颜料以矿物为来源，有朱砂、红土、雄黄、孔雀绿、重质碳酸钙、硅灰石、滑石粉、云母粉、高岭土等；以生物为来源，有来自动物的胭脂虫红、天然鱼磷粉等；来自植物的有藤黄、茜素红、靛青等。合成颜料通过人工合成，如钛白、锌钡白、铅铬黄、铁蓝、铁红、红丹等无机颜料，以及大红粉、偶氮黄、酞菁蓝、喹吖啶酮等有机颜料。根据颜料的功能可分为防锈颜料、磁性颜料、发光颜料、珠光颜料、导电颜料等。根据颜色分类是方便而实用的方法，颜料可分为白色、黄色、红色、蓝色、绿色、棕色、紫色、黑色等，而不必顾及其来源或化学组成。

二、水粉

水粉画法是最传统的作画方法之一。水粉画的表现兼有多种艺术效果：创造出类似于水彩画的轻快淋漓的透明感；堆积出像油画那样结实浑然的厚重感；有中国画的水墨意趣；甚至可以像版画一样平铺设色。水粉颜料大部分颜色是比较稳定的，如土黄、土红、赭石、橘黄、中黄、淡黄、橄榄绿、粉绿、群青、钴蓝、湖蓝等。但是，水粉颜料中的深红、玫瑰红、青莲、紫罗兰等颜色就极不稳定，不易覆盖。水粉颜色的透明色彩种类较少，只有柠檬黄、玫瑰红、青莲等少数几种颜色，要画好水粉画就必须充分掌握水粉各颜料的个性，了解它所受色能力的强弱、覆盖能力的大小、色价的高低。这些问题都要通过不断实践，才能做到熟能生巧。

在早期的鞋类效果图绘制中，设计师特别是专业学生用水粉来表现效果比较频繁。源于水粉是西画色彩的主要表现工具，在国内有一定的普及程度，易于接受。水粉颜料具有覆盖性强、平涂和渐变均可表现的性质，也是其有利的因素。但随着鞋类效果图技术水平的发展，水粉画由于其需要设计师或专业学生具备扎实的造型技巧，且水粉颜料携带麻烦、在使用过程中容易产生色差、粉质会变脏等劣势，使其逐渐被淘汰，除了专业赛事，已很少使用。

三、水彩

水彩是一种透明和半透明的颜料，经水调和画在纸上。纸的底色依然在起作用，因而水彩画具有透明、轻快、滋润、流畅以至水色淋漓的特点。

画水彩画时有太多的偶然因素决定了画的质量。画水彩画更像是在水中作画，纸面上浮上薄薄的一层水，颜料在其中自由地游动，各种颜色互相渗透。颜料和画纸也特别影响画面的效果，而且很影响画者的情绪。水彩最致命的弱点是颜色无法像油画那些丰富多样，很容易就显得颜色脏。水彩画面奇幻的效果，颜色的沉淀和各种特殊肌理，似乎使得水彩用于画风景的特别多，这与水彩的特性有关系。水彩画大多短期内完成，透明性好，容易表现自然空间。水彩的沉淀和肌理效果在表现方面独一无二。水彩的纯度和明度可以通过水分来调控，但要考虑水分与颜料的平衡，才能将水彩的特性体现出来。如果一次将水彩的颜色涂浓了，再想修改成其他颜色就很困难了。如果要表现白色的画面，就按照纸张的原色保留下来即可。

水彩画对纸张有特定的要求，太薄太脆的纸张承受不了水分的浸染，容易起皱和变形，导致水彩颜料不能大面积地普及，通常被水溶性彩铅所取代。后者不但具备了水彩的特质，表现方法与铅笔有极大的共同点，涂画过程中易于描绘和修改，而且价格实惠，携带方便，受到广大鞋类造型初学者的欢迎。

四、丙烯颜料

丙烯颜料中的镉黄、镉红、钴紫、锰蓝、钴绿有很低的毒性，其他颜色相对无危害，丙烯颜料可以画在金属、竹木、塑料、布料、玻璃等物品上，丙烯颜料是目前适应多种材质的颜料。

丙烯颜料是一种很好的颜料，用水来调开就可以，但是它干透之后就不溶于水了，适合画在织物纤维上，可以厚涂和薄涂。根据稀释程度的不同，可以画出淡如水彩、浓如油画的效果。丙烯颜料干燥后耐水性较强，可大胆地做色彩重叠。丙烯颜料很少出现色彩不均匀的现象，使用起来较为方便，但干燥较快，容易损伤画笔以及调色板等工具，因此使用后要及时清洗画具。

丙烯颜料厚涂像油画，薄涂像水彩。如果想做出烫画的效果，就用厚涂，用几滴水来化开颜料就可以了，尽量涂得均匀一点，线条特别密的地方涂得仔细一些，在帆布鞋的帮面设计上使用丙烯颜料最为常见，要涂得用力一点，让颜料充分渗透进鞋帮面纤维。但由于丙烯颜料本身的特殊性，也不适合在普通纸张上表现，所以在款式效果图的使用上也受到一定的限制。

五、画笔

鞋样设计表现的用笔可分硬笔和软笔两大类。硬笔指铅笔、钢笔、针管笔等，以描绘线条为主，因为携带方便而成为绘制简易效果图的主要工具。软笔多用于色彩的表现，如水彩笔、水粉笔、油画笔、尼龙笔、底纹笔等。现在运用比较广泛的设计用笔，如油性或水性记号笔、塑料水彩笔、水溶性铅笔等，既可以勾画线条又可以进行色彩处理，非常方便。

1. 木质铅笔

H～6H系列称为硬铅，容易在画纸上留下划痕。"H"即英文"Hard"（硬）的开头字母，代表黏土，用以表示铅笔芯的硬度。"H"前面的数字越大（如6H），铅笔芯就越硬，也即笔芯中与石墨混合的黏土比例越大，写出的字越不明显，常用来复写。HB以上的称为软铅，能够产生厚重且变化多端的线条，使用较多。"B"是英文"Black"（黑）的开头字母，代表石墨，用以表示铅笔芯质软的情况和写字的明显程度，以"6B"为最软，字迹最黑，常用以绘画。

在款式造型效果图的表现中，2B铅笔的使用频率是最高的。鞋类效果图造型对款式的线条有着苛刻的要求，不但要求线条清晰流畅，还要有弹性、有张力。H～6H系列的铅笔在浓度和流畅度的表现上会比较欠缺，而4B以上的铅笔则在清晰度及饰扣等细节的表现上没有发挥的空间，都不如2B铅笔的性质稳定，容易驾驭。

2. 彩色铅笔

彩色铅笔与铅笔一样，容易控制并且还能用橡皮进行修改，用于细致的描绘，仔细地重叠色彩，可以创造出其他绘画材料没有的独特画面，很适合于初学者使用。彩色铅笔的铅芯有三类，一类是蜡制的，比较软；另一类是粉质的，有点发脆。这两种笔色阶很少，色差明显，且不易上色，都不太适合造型需要。还有一类水溶性彩色铅笔，加水后，笔触会略微融化开，产生类似于水彩的混合效果，在鞋类造型初期中运用相对比较广泛。

3. 自动铅笔

自动铅笔笔芯硬，画出的线条均匀细腻，但没有粗细变化。笔芯直径为0.3、0.5mm，可根据个人喜好选择。画单线稿时，最常用的就是自动铅笔，建议选择笔杆略微有点重量的，有利于在绘制过程中保持铅笔的平衡。自动铅笔能够轻易塑造细小的部件如饰扣、鞋眼以及繁琐花式的表现，其线条均匀透亮，容易掌控。但是在绘制过程中注意下手不要过重，以免折断笔芯，自动铅笔也不适合大面积地填涂。

4. 炭笔

炭笔种类繁多，除了木炭条外，更有以炭粉加胶混制成的各种炭精笔。笔芯是炭材料，故而炭笔画出的线条更黑，视觉对比效果更强烈。

炭笔的特点是较好掌握，便于修改，皴、擦、点、染，无所不能。炭精条、木炭条宜画大幅画面，在宣纸、高丽纸、绘图纸上作画，其特点是变化丰富，表现力强。炭精条、木炭条可表现体面光影变化，可用手指揉擦，表现不同质感和丰富的色调层次。由于炭笔可表现出比铅笔更深的暗色调，又易于大面积涂抹，在大幅创意效果图造型中有不可取代的地位。

5. 钢笔

钢笔的笔尖也有粗细、直尖、弯尖之分，可以用于表达不同的绘画效果。钢笔携带方便，效果简洁明了、气韵生动，可偏重发挥钢笔"流畅的线条"的特性，所以钢笔是最受欢迎的作画工具之一。因为钢笔墨水是无法擦拭的，因此要求设计师先用铅笔勾画轮廓，再用钢笔快速描绘，以保证款式造型的简洁。

6. 针管笔

针管笔原为工程制图的描图笔，按笔头粗细不等分为系列型号，常用的多为0.1~0.6mm，配一两只即可。购买时注意选择笔头纤维耐磨性较好，不漏墨水，不会出现污溅为好；笔头要防干；墨水不可被擦掉，防晒，不退色、防伪、防水。

7. 记号笔

一般多用圆头油性记号笔，适用表面书写，环保型墨水快干、耐水、不退色，可用来勾轮廓和在鞋类造型明显转折的地方做记号。记号笔色彩鲜艳，书写清晰流畅，具有极强的防晒防水性能和覆盖能力。笔的外观为流线型设计，结构合理。墨水颜色通常有红、蓝、绿、黑四色，有盒装和吸卡包装，也是专业学生极为常用的绘制工具。

8. 毛笔

毛笔的品种很多，如按笔头的用材和性能分类，主要有软、硬之分。

（1）软毛笔　软毛笔由羊毛、兔毛制作，起笔柔软，含水量多，宜作大面积平铺渲染，是毛笔中运用最多的品种。

就原料和特点来看，可以分为软毫、硬毫、兼毫三大类。软毫的原料是山羊和野黄羊的毛，统称羊毫，写起字来柔软圆润。

（2）硬毛笔　硬毛笔多用黄鼠狼毛、貂毛等制作，特点是有弹性，含水量少，画出的线条苍劲有力。可用软毛笔中的硬毫或鬃毛笔等取代。鬃毛笔笔毛多为猪鬃，弹性强、结实、有强度，着色时常会留下鬃毛印痕，能挑起浓稠的颜料，可搓、擦、刷，一般不会出现笔毛粘在一起的现象，多用于厚实的有笔触肌理的画法。

从形状来看笔头又有圆形和平头形、榛形之分，圆形画笔适用于作线，平头形画笔适用于作面，还有一种扇形画笔可作肌理效果。

①圆形画笔：这是最古老的一种油画笔。它有一个钝的笔尖，可用来制造较圆润柔和的笔触；小号圆形油画笔可用来勾线，侧锋使用时能出现大面积的模糊的色晕，也可用于点彩技法。

②平头形画笔：扁身平头形油画笔直到19世纪才出现，用于制造宽阔、拖扫式的笔触；可用平头形画笔侧边画出粗糙的线条；转动笔身进行拖扫式用笔，可出现粗细不均的笔触。

③榛形画笔：扁身圆头，又叫"猫舌笔"。兼有圆头、扁平两种画笔的特性，但难以控制。在表现曲线状的笔触时，它是一种更优雅、更流畅的画笔。

④扇形画笔：属于新型特制油画笔，笔毛稀疏，呈扁平的扇状。扇形画笔用于湿画法中的轻扫与刷，或柔化过于分明的轮廓。喜欢薄画法的画家常使用这种画笔。使用扇形笔揉色时，必须保持清洁，否则会妨碍它的灵巧性。

9. 色粉笔

色粉笔简称"色粉"，是一种类似于彩色粉笔的绘画工具。

鞋类效果图中可以借助色粉笔那种柔和的渐变效果来处理较大面积的色块。使用时，先用工具刀在色粉笔上刮出粉末，然后用棉布或手指将粉末涂在作品中。还可加酒精或其他溶剂，做出各种效果。色粉笔也分为粉制色粉笔和水溶性色粉笔。

10. 马克笔

马克笔是一种溶液性的干性媒介，在设计领域中被广泛使用，具有速干、稳定性高、色彩丰富明亮、换色方便的优点，是一种效率较高的绘图工具，符合鞋类造型效果图时效性的高要求。

马克笔种类很多，分为水性、油性和酒精性。油性马克笔具有渗透性，挥发较快，具有较强的黏附力，适用于任何材质的表面。不同色泽的油性马克笔可相互调和使用，也可与水性马克笔混合使用而不破坏马克笔的痕迹。油性马克笔可反复涂画，光泽度好。水性马克笔没有渗透性，其颜色遇水即溶。更重要的是，马克笔具有丰富的色阶，可以配置上百支不同颜色的系列，为鞋类款式造型中色彩的准确度和和谐度提供了充分的保障，得到设计师的认可。

六、画纸

鞋类效果图可选用的纸张种类较多，一般以质地结实、吸水适中、不渗化为好。

1. 素描纸

素描纸纹路比较粗糙，最适合用铅笔、炭笔、炭条作画，但用铅笔在一块地方反复涂抹的时候则会变腻。素描纸滞水性差，用钢笔、水性笔画的时候墨水容易晕开，但因为纹路粗糙，用少量墨水就可以轻松画出沙笔的效果。建议用墨水画的时候，行走线条的速度要快，不要在一个点滞留。想上色尽量不要选择素描纸，这种纸张只要用水过多就会起毛，容易破坏效果。

2. 水粉纸

纸张偏厚，纹路粗糙，呈圆形印压，有正反两面的区分。正面纹理过于明显，不适合单线稿的练习和应用，在绘制过程中容易弄脏画面。这种纸适合用水粉画，铅笔在上面画不出细腻的线条，当然刻意追求纹路效果的除外。

3. 水彩纸

水彩纸质地很好，够韧性，水分过多也不会皱，纹路自然，但相应价格就要贵得多。用水彩、水粉、墨水效果都不错，适合画彩稿。用水彩纸画彩稿时最好把纸先裱在画板上，否则水分会使纸变得凸凹不平，影响作画。

4. 绘图纸

市面上买的大张绘图纸厚度都偏薄，少数高价的除外。绘图纸比较光滑，选择厚一点的画黑白稿相当不错，而且价格便宜，用手摸一摸，不要选那种薄得可以看到放在纸下面的手指那种绘图纸。

5. 复印纸

复印或者打印用的纸，分A3、A4等规格，纸张大小适宜，通常A4纸用得最多。目前，它是专业学生最常用的练习用纸，在绘制过程中修改、移动都很方便，适合画单线稿，用勾线笔进行勾线，可以用彩铅上色。用马克笔上色时最好换成加厚的复印纸，这种纸可以存储部分水分，不轻易起皱。

6. 卡纸

（1）白卡纸　一面非常光滑，有反光。墨线颜色画上去很清晰，但不容易干。画的时候要特别注意保持干净，好处是墨线画上去可以用橡皮擦掉。反面则和一般的绘图纸质地差不多。

（2）灰卡纸　灰色的一面纹路和绘图纸相近，可以利用浅灰色的底色来画画，白色的一面偏光滑，比白卡纸软，用来裱画也不错。

（3）黑卡纸　黑卡纸颜色纯黑，一面光滑，另一面不光滑。粗糙的一面用蜡笔、彩铅、色粉笔画效果也不错，一般用来裱画。

为了提高设计效率，使表达效果更为出色，在绘制效果图的时候提倡和鼓励使用多种工具，如画板、画盒、调色盒和调色盘、专用水桶、胶水、胶棒、胶带纸、双面胶、画夹、凝固喷雾剂、图板、三角板、曲线板、A4写字板、美工刀。

[作业1] 请实验8种以上不同纸张的铅笔绘制效果。
[作业2] 请实验4种以上不同上色工具的绘制效果。

第二章
鞋类设计构成

第一节　点的设计及应用

一、点的定义

点是构成形态最基本的单位，是造型基本元素中最小、最简洁、最单纯的形态，见图1。

在几何学中，点只表示某一位置，而无形状和面积。点是一个相对的概念，点是与其他对比物相比可以忽略的形。点是有形物，即点可以是一条线段、一段曲线，点可以是三角形、四边形、扇形等平面图形，也可以是球、圆锥、人、地球、太阳等三维立体物。

在平面构成设计中，点是以形象存在的。也就是说，无论点有多小，它都会有自己的形象。

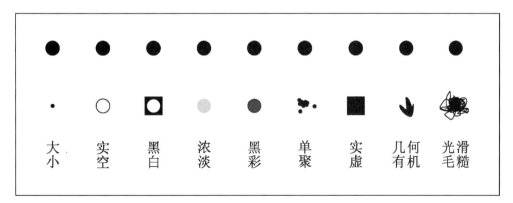

图1　点的形态示意图

二、点的视觉特征

点的基本属性是注目性，点能形成视中心，也是力的中心。

点的大小和形态的多样性，与点被运用的目的以及用于表现的材料、肌理工具有着密切的联系。不同的目的、功能、观念、表现手段、工具、材料、媒介会呈现不同的特点，如平滑的点与粗糙的点、透明的点与粗糙的点、透明的点与朦胧的点、简洁的点与丰富的点、轻松的点与凝重的点。

点的形态千姿百态，如方点、圆点、多边点、三角点等，不同的点会给人不同的感受，见图2。

大点：简洁、单纯、缺少层次。

小点：丰富、光泽感、琐碎、零落。

方点：秩序感、滞留感。

圆点：运动感、柔顺、完美。

图2　点的视觉特征示意图

三、点的位置特性

空间中居中的一些点会引起视知觉稳定集中的注意；如果点的位置移至上方的一侧，产生的不安定感则更加强烈；当点移至正下方时，则会产生踏实的安定感；点移至左下方或右下方时，便会在踏实安定之中增加动感，见图3。点在画面中有平衡构图的重要意义，点的位置得当，往往会产生"四两拨千斤"的功效。

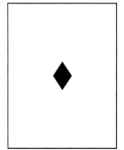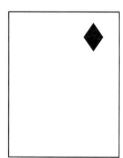

图3　点的位置特征示意图

四、点的视觉效果

① 集中，吸引视线。

② 聚合，产生新的视觉形象。

③ 装饰画面。

④ 表明位置和进行聚焦。

⑤ 单一的点具有集中凝固视线作用，容易形成视觉中心。

⑥ 连续的点会产生节奏，韵律和方向。

⑦ 疏密的点会产生空间感。

⑧ 点有各种形态，不同的目的、功能、观念、表现形式以及工具材料呈现不同效果的点，会带给人均衡的安静感、强烈的方向性动感、节奏韵律感、立体感和视觉错位感等不同的视觉感受。

五、点的设计

（1）相加　几个点形象可以相加、相交、相切后形成新的形象，这个新形象处于同一平面层次上，无前后次序，使形象变得整体而含蓄，见图4。

（2）相减　指一个形象的某部分被另一个形象所覆盖，保留了覆盖在上面的新形象，又出现了被覆盖后的另一个形象所留下的残余形象，见图5。

（3）覆叠　一个形象覆盖在另一个形象之上，可产生前后、进深、聚散等空间关系，见图6。

图4　点的相加示意图

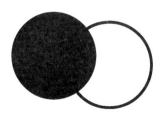

图5　点的相减示意图　　　图6　点的覆叠示意图

（4）透叠　形象与形象交错重叠后，重叠部分被挖掉，留取不重叠的部分，形成一个具有透明感的新形象，见图7。

（5）差叠　形象与形象相交叠后，留取相交部分，去除其他部分而形成的新形象，见图8。

（6）分离　形象与形象之间保持距离，不相接触，形成一个新形象，见图9。

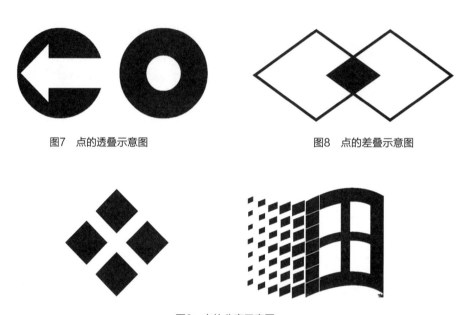

图7　点的透叠示意图　　　　　　　　图8　点的差叠示意图

图9　点的分离示意图

六、点的作用

单个的点在画面中由于它的刺激性而产生视觉的吸引力，从而具有竞争位置，避免被他形同化的性质。单个点是视觉中心，也是力的中心。

七、点的形态

人们对点的理解通常停留在素描中对点的运用，其实鞋类造型中对点的要求与素描的造型要求是有所不同的。鞋类造型中的点以连贯的实线为主、虚线为辅。造型训练无论采取哪种手段，开始都要用线确定所有的关系，包括款式形态、面积和工艺等。在款式设计图中，实线表示帮面的实质分割线，而虚线则多表示为缝合线。点在鞋类造型中不仅可以有效地把握形体，还能对所要表现的物象做出有力的判断。绘画造型时勾勒款式轮廓的点形态，可以细分为曲线、直线、折线，有粗线、细线等表现形式。

点的形态设计在生活中无处不在，比如地铁里的大广告牌，橱窗里陈列的衣服，高楼大厦的LED展位，甚至手机里的某个应用界面等，通常在大家眼里，好的设计就是既有创意又大胆，并没有什么规律可循，其实设计和绘画的不同在于，绘画可以展露个性，而设计的核心却是体现秩序的美感，它不是来自个人，而是来自于社会，好比建筑群的设计构成，不只是一个华丽的皮囊，而是有血有肉的，它的骨骼就是设计的根本。每个设计抽象出来都是一些元素的构成。

图10（a）中，呈现较小面积的小颗粒形态的点与较大面积的大颗粒形态的点聚集产生的动态，是一种不稳定的状态；图10（b）中，呈现大颗粒形态的点和小颗粒形态的点完全聚集产生的动态，是一种比较稳定的状态；图10（c）中，呈现大颗粒形态的点包围小颗粒形态的点，又有一部分被打破的动态，是一种相对运动的不太稳定的状态。初学者通过对点的形态的练习，有助于理解关于不同大小或形态的点的集中与分散设计所形成的不同状态的表现技法。

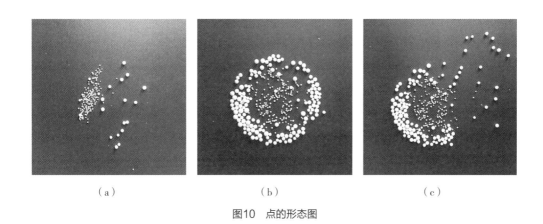

（a）　　　　　　　　（b）　　　　　　　　（c）

图10　点的形态图

八、点的组织形式

这里主要指点的形状与面积、位置或方向等诸因素，以规律化的形式排列构成，或相同的重复，或有序的渐变等。点往往通过疏与密的排列形成空间中的图形。同时，丰富而有序的点的构成，也会产生层次细腻的空间感，形成三次元。在构成中，点与点形成了整体的关系，其排列都与整体的空间相结合，于是，点的视觉趋向线与面，这是点的理性化构成方式。

1. 点的线化

点的构成形式可以多种多样。点按照一定的方向秩序排列会形成线的感觉，见图11。

2. 点的面化

点在一定的面积上聚集和联合，则形成一个由外轮廓构成的面的感觉。点沿一定

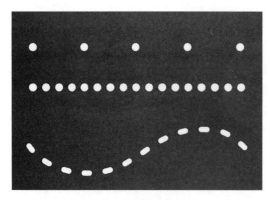

图11　点的线化图

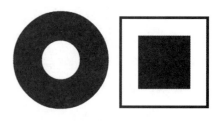

图12　点的面化图

的轨迹有序排列，产生线的联想，近距离散置的点引起面的感觉，并产生肌理效果，见图12。

九、点的应用

学习了前面点的设计和构成，为后面鞋类产品设计中涉及点的部分做好准备，特别是款式造型中存在很多与点的形态、气质、特征相似的物件及设计，都可以通过点的设计构成原理来理解和训练。

任务1：实心的点造型

在规定时间内，用包含50个或以上统一造型的实心点的面料，对任一鞋款进行表现。

1. 判断点的形态

鞋类产品的帮面面料上，经常呈现点的各种形态造型，有的点形态相对简单，如平面的点，包括圆点的造型、圆环的造型、爱心的造型、星星的造型等。

对于平面点的造型，由于形态过于简单，初学者在造型中往往过于随意而容易出现失误。造型的难点在于在短时间内如何有效表现较多数量的点。设计者在对同一平面上的点进行造型训练时，需要快速判断点的形态，如正圆的点、椭圆的点、空心的点以及圆环等；然后在表现过程中，加强对点的形态控制，表现效果要求以肉眼判断，用铅笔或勾线笔在同一平面上描绘的圆的大小形态、圆的粗细变化等都是一致的；最后，根据点的透视进行适度表现。在同一范围内，设计者可以摒弃光影、透视等因素的影响，将这些点处理成相同模样的点，有助于表现平面点的形态，见图13。

2. 分析点的透视

点的形态是平面的，但它存在于鞋靴产品上面，会受到楦体起伏的影响，产生多

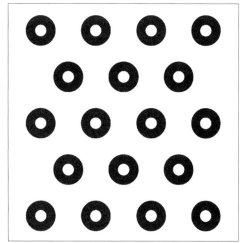

图13　平面点的造型

种透视变化。点本身简单的形态会随着鞋面楦体转折产生微妙复杂的变化，设计者要在有限的时间内学习取舍。建议设计者寻找点的透视规律，概括出一定范围内的点的透视变化，如正面的点、3/4面的点、侧面的点、1/4面的点等，对其进行概括提炼，忽略更加细小的透视变化，抓住整体效果。在同一效果图中，鞋靴产品中能体现出两到三种点的透视较为合适，通常侧帮选择全正面俯视角度，脚背采用3/4面的点来表示，通过不同透视角度的变化表现出产品在二维空间的三维效果。

3. 填涂点的色彩

在极短的时间内，对于单色平面的点的形态，可以忽略铅笔稿的造型，建议直接用马克笔以点、涂的形式表现。按照原物造型特征排列，小范畴的点可以用直线表达，交错呈现；大面积的点需要配合鞋面楦体材质的变化规律，用略带弧度线条的表现，尽量一步到位，不再涂改；大小点混搭出现的形态，则建议先画同批大一些的点，再画同批小一些的点，有利于画面整体的协调和统一。

对于多个颜色平面的点的形态，也可用马克笔直接点涂。设计者可以先填涂底色，空出高光位置，铺好调子，以免后期要在很多个点的间隙填涂，影响速度。除考虑面积因素，设计者可以按照范畴内点的具体颜色深浅的顺序，决定作画的步骤。局部范围内，建议先涂颜色浅的点，由大到小，如最浅的颜色浅于底色，像出现一些白色的点，需要在涂底色的时候直接空出点的形态，然后再一层一层加上颜色较深的点，最后加上最深颜色的点。涂深颜色的点的过程中调整浅颜色的色块位置，浅颜色的点状则无法做二次调整。

任务2：空心的点造型

在规定时间内，用包含50个或以上统一造型的空心点的面料，对任一鞋款进行表现。

初学者常常认为空心的点形态非常简单，较之实心的点又没有轮廓线的造型，可以不用打稿直接用工具上色。这种表现技法容易出现点的形态难以控制，产生大小不一的点，影响最后的造型效果。

1. 描绘点的形态

参考前面实心点的造型步骤，先观察点的具体形态，再根据其造型规律，用铅笔轻快地描绘出点的形态，最后根据不同楦面的转折，适度表现出两到三种点的透视形态。在造型过程中，与实心点的造型技巧稍有不同的是，不必强化轮廓线的线质，只要关注形态大小的一致性即可。

2. 填涂底面色彩

前面用铅笔勾画点的形态，留出大量底部空白，使用马克笔等上色工具填涂底色。在这一阶段中，注意填涂的手法和顺序。建议先用上色工具勾勒点的形态，使用马克笔时用小圆头笔尖勾在点的轮廓外围，保证底色不会侵入空心点的部位；然后勾勒整个面料的外轮廓线，避免颜色渗出；最后在空心点的外围颜色与轮廓线颜色之间，以相同方向的笔顺（建议采用45°角）迅速涂上底色。根据马克笔的特性，若有填涂不到的地方，可以直接留白，不建议反复涂改，否则容易显露笔痕，会有不干净的感觉。镂空点的造型见图14。

图14　镂空点的造型

[作业1] 学会发现鞋类产品中点的元素，并对产品款式设计中非圆形的实心点元素进行造型描绘。

要求：能在规定时间内熟练控制点的形态大小。

[作业2] 学会发现鞋类产品中点的元素，并对产品款式设计中非圆形的空心点元素进行造型描绘。

要求：能在规定时间内熟练表现点的空心效果。

[提高作业] 学会发现鞋类产品中点的元素，对产品款式设计中非平面的点元素进行造型描绘。

要求：尝试独立表现点的立体效果。

第二节　线的设计及应用

一、线的定义

用丝、棉、麻、金属等制成的细长可以任意曲折的物体称为线。

几何学上指一个点任意移动所构成的图形。线是没有粗细的，只有长度和方向。

从造型角度来讲，线应有粗细、肌理等变化。线在造型上具有非常重要的作用，可以作为形体的轮廓，也可以作为纹理的填充或支撑的骨架，线是最有力的造型手段。

二、线的分类

线在平面构成中起着非常重要的作用。不同的线有着不同的情感性格，线有很强的心理暗示作用。

1. 水平线

水平线因为是水平方向的延伸，有左右流动的感觉，能产生广阔平静的效果，它同时具有左右两个方向，由于它在特定空间环境、色彩及其他形态的作用，又可产生寂寞、空旷、神秘、遥远、冷漠等感觉。

2. 垂直线

垂直线是上下延伸的线，所以产生上下流动感，会给人耸立、上升的感受，又可令人感到悲壮、孤独、忧郁等。

3. 曲线

（1）几何曲线　用正圆形、椭圆形等仪器绘制而成的曲线。

（2）自由曲线　更具有个性化和情感化，能体现曲线的自然美。

4. 水平线、垂直线与倾斜线的关系

水平线和垂直线都是稳定状态的运动。

水平线和垂直线相结合，会因组合方式不同而产生与其性格不尽相同的心理效应。

倾斜线使人感觉有右上、左下以及左右摇摆的感觉，具有较强的动感。

三、线的视觉特征

1. 线的粗细

线的粗细程度不同会产生视觉情感的差异。粗线具有强有力和笨拙感，但粗到一定程度时会逐渐丧失线的特征。细线锐利，但细到极致的线会让人产生神经质；细线具有速度感。线的粗细可以产生远近关系，感觉上粗线前进、细线后退。

2. 线的浓淡

粗线长度达到一定时，深色线比浅色线显得前进一些。

3. 线的间隔

不论线的粗细、长度和明暗，一切条件相同的线，在配置的时候，间隔密集的线群比间隔宽松的线群显得后退一点。

四、线的应用

关于"线"的产生，康定斯基指出："在几何学上，线是一个看不见的实体，它是点在移动中留下的轨迹。因而它是由运动产生的，的确它是破坏点最终的静止状态而产生的，线因此是与基本的绘画元素——点相对的结果，严格地说，它可以称作第二元素。"

线条是鞋类造型过程中不可避免的元素，是一种明确的富有表现力的造型手段，能直接地、概括地勾画出鞋类产品的形体特征和形体结构，具有丰富的表现力和形式美感。人们对线条的理解通常停留在素描中对线条的运用，其实鞋类造型中对线条的要求与素描的造型要求是有所不同的。鞋类造型中的线条以连贯的实线为主，虚线为辅。造型训练无论采取哪种手段，开始都要用线条确定所有的关系，包括款式形态、面积和工艺等。在款式设计图中，实线表示帮面的实质分割线，而虚线则多表示为缝合线。

线条在鞋类造型中不仅可以有效地把握形体，还能对所要表现的物象做出有力的判断。绘画造型时勾勒款式轮廓的线条形态，可以细分为曲线、直线、折线，有粗线、细线等表现形式。用不同种线条来寻找形体，用多条重要的辅助线划分比例、确定位置；用长直线画大的形体关系；用切线画出小的结构转折关系，都是素描中对线条的处理手法。

任务1：短直线的造型

用直尺在白纸上轻轻画出一组（8～12道）长3cm左右的直线，然后在上面进行线条描画训练。

1. 控制线条的长度

在鞋类产品所有的线条中，包含了大量的短线。短的实线，我们把它提炼成短直线。短直线的训练强度相对来说是最低的，却也是其他线条项目训练的基础。

开始可以借助辅助工具如直尺打底，在此过程中，建议严格控制每一根线条的长度。单根线条以3cm左右为宜，刚好是最短距离握笔所能达到的最长线条长度。每组线条的长度统一后，更容易直观地判断线条的质量，有助于初学者对线条质量的集中训练。

2. 控制线条的浓淡

作为鞋产品设计中的线条，不仅有长度、方向和位置，而且有一定的宽度和动态。但线条本身的浓淡与款式设计没有直接关联。在表现过程中，如若设计者无法控制线条的浓淡，使线条浓淡变化过于频繁，就会影响款式效果图整体的表现。

在训练中，初学者先学习单根线条的刻画，从头到尾都尽量保持线条浓淡一样。在此过程中，需要始终如一地控制握笔姿势和基本相同的用笔力度，可能还要反复擦拭、调整；再学习控制整组线条的浓淡效果。要不断发现和寻找最有效的技巧和方法，能够帮助我们在最短时间内产生最规范性的效果。

3. 控制线条的流畅性

对于鞋类造型线条而言，在形式特点上不但具备素描线条张力与表现性的特点，同时也具备了机械制图线条的流畅性和规范性。鞋类造型中，我们不要把线条仅仅理解为形的外轮廓的边界，实际上包括鞋类款式主要分割、折边、缝合等各种工艺，无论用线条表示哪种工艺造型，大多时候都要求是光滑流畅的，这也是商品制作成功的造型特征。

资深设计师在鞋款效果的表现过程中，更习惯单笔完成，能最大程度地保证线条的流畅性。初学者则需要一段时间的强化训练，才能达到基本流畅的线条质感。其实，线条流畅性的技巧控制的关键点不是一定要求线条一气呵成，而在于线条衔接的技法。初学者在初期无法画出流畅的线条时，可以将线条中比较毛糙的部分擦拭重画，经过多次修改，可以接近较为流畅的效果。短直线的训练目标是手对基础线条的控制能力，在刻画短直线的过程中，以一次成型为目标，抛弃对形体的追求，保持高度集中的注意力，使笔对线条的描绘达到一种极致。在运行过程中，要求对单条线的浓度描绘基本一致，对出现明显断点和毛糙的部位进行修改，直至线条光滑顺溜。在描绘成组的线条时，线条之间的浓度粗线要基本一致，以训练设计者对整体画面的掌控能力。短直线的训练形式虽然简单，但在训练过程中，对线条的要求提到了一定高度，有利于设计者练好扎实的造型基本功。勾线笔或针管笔对短直线的描绘与铅笔的造型技巧不同，后者需要一气呵成，不能有断点，否则很可能在线条中形成若干个凝固点，影响线条的流畅性。短直线造型见图15；直线造型可扫二维码1学习。

图15　短直线造型

二维码1

　　画短直线正确的握笔姿势：大拇指和食指紧握笔杆，距离笔尖1cm左右，中指等轻轻挡在笔杆的后侧，与写字的姿势相同。但在训练过程中，练习者要注意对笔的控制力，握笔要有一定的紧张程度，在不经意的情况下，旁人也不能随意抽走你的笔。这样的握笔姿势，以手腕为相对固定点，有利于在掌间控制笔对线条的表现，适合初学者对一定距离内的短线条的练习。

任务2：短曲线的造型

　　用曲线板在白纸上轻轻画出一组（8～12道）长3cm左右的短曲线，然后在上面进行线条描画训练。

　　1. 控制线条的弧度

　　通过前面短直线的训练，初学者熟悉了基本的线条绘制技巧，线条造型有了一定的稳定性。第二阶段，就可以进行短曲线的训练。短曲线造型中，可以尝试一次性单线成型或几次衔接成型，但断开的次数控制在2～3次，不宜过多。单线成型的速度尽量放慢，使描画的线条完全贴合原有的曲线痕迹，否则不能达到精细的造型训练要求。初学者要严格按照曲线板的痕迹，反复认真勾画线条，直至可以一次成型。重点控制线条的弧度表现，保证在一条曲线的造型中，上下线条弧度是完全对称的；保证在一组曲线的线条中，所有线条弧度，与肉眼判断是完全一致的。

　　2. 控制线条的流畅性

　　曲线的造型是在直线造型的基础上进行训练，可以沿用衔接的造型技术，对描画过程中出现的节点擦拭调整。短曲线的技术难点是表现线条的弧度时需要手不停地转折调整笔的方向，可能会减少每次线条造型的长度，增加衔接的次数，技术难度有所提高。由于曲线的造型特征明显，在描画过程中不能出现转折的任何痕迹，建议每次描画线段的长度相对固定，尽量减少衔接可能产生的节点，避免过多节点造成视觉的不适。短曲线造型见图16；曲线的造型可扫二维码2学习。

图16 短曲线造型

二维码2

任务3：长直线的造型

用直尺在白纸上轻轻画出一组（4～8道）长20cm左右的直线，然后在上面进行线条描画训练。

在制鞋行业中，鞋类设计师对线条的规范性尤其关注，很多企业都要求刚入职的设计人员用两周的时间单独练习线条。合格的线条能使人们的注意力更加集中在产品本身的设计上，因此线条的规范性一直是设计者在线条造型中追求的境界。

在长直线的绘制过程中，建议采用多笔接成线的方法。基本的练习手法是每笔线条的长度可以比较短，第二笔的落点均匀地落在第一笔线条的中间位置，与第一笔呈重合状态，在第一笔的基础上慢慢延伸出来，保持宽度与第一笔的线条一致。长线条行笔与短线条略有不同，其正确的握笔姿势是在大拇指和食指紧握笔杆时，距离笔尖的长度延长到2～3cm，对笔的控制力落到接近笔杆的重心。与笔尖保持较长距离的握笔姿势，在刻画线条的时候，有助于增加线条长度的表现，使线条更加匀称美观。较之短直线，长直线由于线条的长度更长，衔接的次数增加，线条造型的难度自然就会增加。鞋类产品的造型中，款式的外轮廓线、贯穿的装饰线都属于长线条。这些长线条多属于结构线，与短线条造型的原理相同，其本身的浓淡、粗细、流畅性等变化并不属于设计的范畴。初学者对规范性的线条的理解和掌握，也为部分更加精密的设计细节，如手缝线的造型、针车线的造型等，做好技术准备。长直线造型见图17。

图17 长直线造型

任务4：长曲线的造型

用曲线板在白纸上轻轻画出一半或完整的图形，然后在上面进行线条描画训练。

曲线线条的描画，不只是要求线条流畅通顺，更要求在线条的表现过程中体现线条本身的曲度和张力。对于初学者来说，表现线条的张力是一个较难掌握的概念，它的体现需要设计者对线条的处理有一定的主观性，必须建立在线条流畅圆润的基础上。

曲线板比直线板富有变化，能挑起练习者的兴趣，其造型弯曲起伏，类似于鞋类产品帮面的结构，是非常适合学习线条的训练媒介。初学者可以在痕迹上进行手工的描绘，锻炼大脑对线条的控制力，强化手对长线条的表现力。

描画过程中，要求对象是一条长的曲线，一定要在第一笔的中间开始第二笔，运笔的力量要均匀果断，尽量保持线的粗细程度均匀，逐步减少涂改的次数。练习一段时间后，可以不根据痕迹，直接对照曲线板进行样式的描绘，然后再将曲线板放上去核对，以此训练眼睛的观察力和大脑的判断力。经过练习，学习者能够扎实掌握各种起伏的长线条的表现，为款式造型设计做好技术准备。

数笔线条衔接在一起，可以随意弯曲变化，适合各种型号的款式设计，整体线条流畅有张力，是鞋类款式设计上运用最多的线条表现手法，长曲线造型见图18。

采用针管笔或勾线笔进行无论长直线或是长曲线的训练，落笔之前都需要先在空中勾画一下，比划下手掌、手指对线条的掌控力，是不是能顺利完成该线条的造型。勾画长线条时，手指要握紧笔杆，手腕要松动，方便手在纸上自用地拖动。初学者用签字笔等练习长线条时，由于无法修改，可能需要一些科学的训练技巧。首先是寻找支点。在握笔的姿势上，用大拇指和食指

图18　长曲线造型

握紧笔杆，尝试将中指略微伸长靠前，作为手指的一个支点，增加手掌半径的运动空间。或是将小指尖着案，用作又一个支点。其次是转动纸张。线条造型中，有正手可以画的线条，也有反手才能画的线条。正手画的线条通常都是从左到右，从上到下，按部就班，比较容易刻画。反手画的线条可能要从右到左，从下到上，训练难度很高，初学者很难在短时间内掌握。最快捷的方法就是，转动纸张，改变线条的描绘位置，变成比较顺手的方向。我们用的都是A4左右大小的复印纸或速写纸，在改变纸张方向上是最容易做到的。

[作业1] 学会发现鞋类产品中线的元素，并利用直尺打底，练习徒手描绘12道短直线。

[作业2] 学会发现鞋类产品中线的元素，并利用直尺打底，练习徒手描绘4道长直线。

[作业3] 学会发现鞋类产品中线的元素，并利用曲线板打底，练习徒手描绘12道短曲线。

[作业4] 学会发现鞋类产品中线的元素，并利用曲线板打底，练习徒手描绘一个完整的曲线板。

要求： 以上作业手绘的直线条要粗细一致、浓淡一致。

第三节　面的设计及应用

一、面的定义

面是线移动至终结而形成的，面有长度、宽度，没有厚度。一条线在自身方向之外平移时，界定出一个面。在概念上面是两维的，有长度和宽度，但无厚度。

几何学意义：面是线移动的轨迹。

在视觉效果中，点的扩大与集合，线的宽度增加与集中、平移、翻转均可产生面的感觉。

二、面的特征

面的最基本特性是它的形态，形态由面的边缘轮廓线描绘出来。面具有颜色、质地和花纹等多种特性，面具有量感。面有形状、长度、宽度、面积、位置、方向、肌理等属性，在造型艺术中，任何封闭的线都能勾画出一个面，但是不充实，往往给人通透、轻快的感觉。

面与形是有密切联系的，面即是形。面的形状是识别事物特征的重要因素。与点相比，"面"是一个平面中相对较大的元素，点强调位置关系，面强调形状和面积，请注意这里的面积，讲的是画面不同色彩间的比例关系。面有实面和虚面之分。

（1）实面　实面是由连续不断记录的线的轨迹构成的面，在平面设计中表达一种真切的、清晰的区域，给观者的心理感受是稳定、坚实、明朗。同时，它也有可能会造成呆板没有生气的心理印象。

（2）虚面　虚面是间隔记录线的轨迹。正是由于虚面的形成与点的动态频率有着密切的关系，所以，虚面可以在平面设计表达中体现一种模糊、虚幻的感觉，给观者的心理感受是神秘的、变幻莫测的。

三、面的种类

（1）几何形的面　应用圆规、尺子等工具所作的规矩形。以几何学法则构成的图形简洁明快，具有数理秩序与机械的冷感性格，体现一种理性。

（2）徒手的面　以徒手方式所作的自由构形，极其自然地流露出作者的个性和情感，具有鲜明的个性。

（3）有机形的面　柔和、自然、抽象的面的形态。

（4）自然形的面　不同外形的物体以面的形式出现后，给人以更为生动、厚实的视觉效果。

（5）人造形的面　具有较为理性的人文特点。

（6）偶然形的面　是指自然或人为偶然形成的形态，难以预料，是无法重复的不定形，自由、活泼而富有哲理性。

四、面的形式

1. 近似构成形式

近似构成形式由相似之处的形体构成，寓"变化"于"统一"之中是近似构成的特征，在设计中，一般采用基本形体之间的相加或相减来求得近似的基本形。

骨格与基本形变化不大的构成形式称为近似构成。

近似构成的骨格可以是重复或是分条错开的，基本形的近似变化可以用填格式，也可用两个基本形的相加或相减而取得。

2. 渐变构成形式

渐变构成形式是把基本形体按大小、方向、虚实、色彩等关系进行渐次变化排列的构成形式，骨格与基本形具有渐次变化性质的构成形式称为渐变构成。

渐变构成有两种形式：一是通过改变骨格水平线、垂直线的疏密比例取得渐变效果；二是通过基本形有秩序、有规律、循序地无限变动（如迁移、方向、大小、位置等变动）而取得渐变效果。

3. 发射构成形式

发射构成形式的特点是以一点或多点为中心，呈向周围发射、扩散等视觉效果，具有较强的动感及节奏感。骨格线和基本形呈发射状的构成形式称为发射构成。

此种类的构成是骨格和基本形用离心式、向心式、同心式以及几种发射形式相叠而组成的。

4. 空间构成形式

空间构成形式指的是利用透视学中的视点、灭点、视平线等原理得到的平面上的空间形态，例如，点的疏密形成的立体空间，线的变化形成的立体空间，重叠形成的空间，透视法则形成的空间（以透视法中近大远小、近实远虚等关系来进行表现）。矛盾空间的构成（错觉空间构成），以变动立体空间形的视点、灭点而构成的不合理空间，"反转空间"是矛盾空间的重要表现形式之一。

5. 特异构成形式

特异构成形式是指在一种较为有规律的形态中进行小部分的变异，以突破某种较为规范的单调的构成形式。特异构成的因素有形状、大小、位置、方向及色彩等，局部变化的比例不能变化过大，否则会影响整体与局部变化的对比效果。

五、面的设计

1. 密集构成

密集构成是指比较自由性的构成形式，包括预置形密集与无定形密集两种。预置形密集是依靠在画面上预先安置的骨格线或中心点组织基本形的密集与扩散，即以数量相当多的基本形在某些地方密集起来，而从密集又逐渐散开。

2. 对比构成

较密集构成更为自由性的构成，称为对比构成。此种构成不以骨格线而仅依靠基本形的形状、大小、方向、位置、色彩、肌理等的对比，以及重心、空间、有与无、虚与实的关系元素的对比，给人以强烈、鲜明的感觉。

3. 肌理构成

凡凭视觉即可分辨的物体表面的纹理称为肌理，以肌理为构成的设计就是肌理构成。此种构成多利用照相制版技术，也可用描绘、喷洒、熏炙、擦刮、拼贴、渍染、印拓等多种手段得到。

肌理构成可以从基本肌理单元和组织结构两方面理解。基本肌理单元是构成肌理形态的元素，是一种形式存在的前提；组织结构是对基本肌理单元的编排方式，是一种肌理构成的方式。要形成肌理，需要大量的基本肌理单元以某种特定方式分布于物体表面，且这种分布应能形成特征明确的形态。组织结构对肌理形态的形成有很大影响，组织的方式应具有一定的节奏感、韵律感、秩序感，其规律明确，并符合肌理单元的形态特征，能够构成有视觉意义的肌理形。

肌理的组织结构可分为几何组织和有机组织两种类型：①几何组织一般指将肌理单元按重复、渐变或是相似的方式排列，组织规律相对单一，几何形态清晰，如布纹、水蒸气凝集的表面。②有机组织一般指将肌理单元按一定自然规律或受自然秩序影响而呈有机形态组织的排列方式，组织规律相对复杂，但仍呈现出明晰的秩序感，如沙漠的形态、木材的纹理、石材的表面。当然，组织结构的区分并不绝对，有时一种肌理会包括多种组织方式，呈现出一种肌理的多个层级的视觉感受。如一种材料在不同的距离中观看，其呈现出的视觉印象就会不同。

另外，根据肌理的形成方式还可以将其分为自然肌理和人工肌理，自然肌理是天然形成的，不为人力所控制的；人工肌理是经过思考后运用形式美规律和设计意向组织形成的肌理。

六、面的应用

印花格纹造型的面料是鞋类产品常用面料，是在合成革或纺织面料织物上做格纹的涂层设计，较好体现了点、线、面的构成关系。印花格纹的主要材料有雪纺、牛津布、牛仔布、斜纹布、法兰绒、花缎等。

任务1：印花格纹造型

印花格纹面料通常把经纱和纬纱相互垂直交织在一起，其基本组织有平纹、斜纹、缎纹三种。但鞋类款式效果图的表现由于时效性，在表现手法上进行了整理和提炼，包括底线和格子的造型。

1. 底线造型

纺织面料的造型，先要画出一定宽度的平行线。平行线宽度的规划一定要符合多数纺织格纹的设计规律，每一条粗的格纹下面再画出一道或几道细的横线，也是平行线的状态。在横线上面描画垂直交叉的平行线，宽窄的控制也与横平行线相同，宽窄交接着富有变化。平行线的刻画，可以是借助直尺等工具简单地描画，也可以以针织的形式，用短而密集的斜线代替直线进行描画。斜线的造型更接近针织的效果，对初学者来说，45°的斜线也是比较顺手的角度，掌握其技巧后描画速度不会太慢，效果更逼真。鞋类产品中，针织面料在比较窄的格子里也可以画上细斜线，增加针织的形态。

2. 格子设色

针织格子纹与革制格子纹底线完成后，格子设色技法基本相同。主要分为三种：一种是同类色的格子纹，如基本色调采用棕色，格子里的设色就围绕着主色调进行不同层次的棕色调变化。建议选择色环30°以内的邻近色，或者是同一色调的不同明度变化，如棕黄色、浅棕黄色、深棕黄色等进行设色；另一种是同时出现几种不同色调的颜色，如红色与蓝色。此类配送关键是不同颜色的交错，建议每个色块之间最好能镶嵌一个空白的格子，如红色格子不要直接衔接蓝色格子，最好先空一格；最后一种是只有两种颜色，多为黑、白两色，以简单地方块形态构成，也是造型中最容易把握的格子纹。黑白格子排列的技术关键也是错位，同一颜色的分布成斜线或菱形为佳。

在填涂设色时，有两种方法。一种是先用格子内的颜色勾勒格子内框，防止颜色涂出格子，影响画面效果；另一种是不用单独勾画格子边线，建议直接用马克笔小圆笔尖以45°角填涂，或用马克笔斜头平涂，大致填满格子部位即可。平面格纹造型见图19。格纹的造型与涂色可扫二维码3学习。

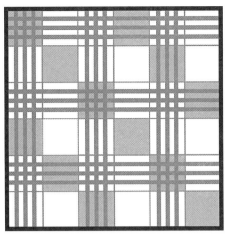

图19　平面格纹造型　　　　　　二维码3

任务2：缝合线格纹造型

鞋类产品面料，有大量缝合装饰线呈格子纹形态的造型，其表现技法与印花格子纹略同。这类格纹多用于女单鞋和棉鞋类款式中，分为面料在生产制作过程中就已经完成的格子纹的缝合线和根据款式设计需要后面在缝帮过程中进行的缝合线装饰。此缝合类格子纹的造型技巧，主要是格子的平行线要采用虚线而不是直线。

1. 虚线造型

缝合格子纹的底线造型不同于印花格纹，其底线之间的距离设计变化相对均匀统一，不强调细格子、粗格子的穿插变化。表现过程中，设计者可以借助工具，或直接徒手绘画底线，用虚线代替缝合线形态，描画出格子的整体形状。注意每一小段虚线参照实际缝合线的造型特征，线段之间的间距都尽量一致；运用到款式造型中，需考虑鞋楦造型的起伏变化，在楦体转折部位的表现过程中，缝合线强调一定的弧度，表达形体转折的需求，平面模块内练习则可以适当忽略。

2. 平面设色

鞋类产品面料中的格子装饰线的设色手法步骤，可以参照普通面料的整体上色，不需要考虑格子的色块。装饰格纹的格子是虚的，不像实线分割的格子能产生一个封闭的空间。用勾线笔直接描绘完针车线后，等线迹略干，直接用马克笔整体填涂颜色。若是留白，则留出整个面料的高光，而不是单个格子的高光。缝合线格子纹造型见图20。

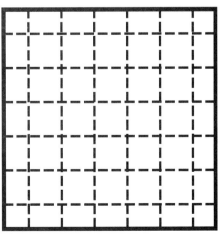

图20　缝合线格纹造型

小面积的格子纹，无论是纺织类、皮革类或是缝合类，初学者在描画格子纹的时候都可以借助工具，直接忽略鞋楦体转折对线的影响。不借助工具的纯手工描画中，也不宜做过多起伏的转折处理，只要根据鞋背、鞋侧、接近鞋底处略做弧度处理即可。

[作业1] 学会发现鞋类产品中点、线组成的面的元素，练习徒手描绘格子纹形态。

[作业2] 学会发现鞋类产品中点、线组成的面的元素，练习借助工具描绘格子纹形态，并用美工笔勾线。

[作业3] 学会发现鞋类产品中点、线组成的面的元素，练习借助工具描绘格子纹形态，用美工笔勾线，并用单色填涂色块。

[作业4] 学会发现鞋类产品中点、线组成的面的元素，练习借助工具描绘格子纹形态，用美工笔勾线，并用多种颜色填涂色块。

要求：以上作业手绘的直线要粗细一致、浓淡一致，色块浓淡均匀。

第四节　图案的设计及应用

一、图案的定义

设计者根据使用和美化目的，按照材料并结合工艺、技术及经济条件等，通过艺术构思，对器物的造型、色彩、装饰纹样等进行设计，然后按设计方案制成图样。

图案，顾名思义，即图形的设计方案。

狭义的图案仅指器物上的装饰纹样和色彩。图案教育家陈之佛先生在1928年提出：图案是构想图，它不仅是平面的，也是立体的；是创造性的计划，也是设计实现的阶段。

图案教育家、理论家雷圭元先生在《图案基础》一书中，对图案的定义综述为："图案是实用美术、装饰美术、建筑美术方面关于形式、色彩、结构的预先设计。在工艺材料、用途、经济、生产等条件制约下，制成图样，装饰纹样等方案的通称。"

二、图案的分类

按图案的结构分类，有单独图案、角隅图案、边饰图案、连续图案等。

按装饰题材分类，有植物图案、动物图案、人物图案、风景图案、器物图案、文字图案、自然现象图案、几何图案以及由多种题材组合或复合的图案。

根据设计的目的，图案可分为基础图案和专业图案。基础图案是作为课堂教学训练，以理解掌握图案的造型、色彩、组织规律和绘制技法为主要目的的图案，一般不考虑工艺和实用功能的要求，本书所讲述的内容就属于基础图案范围。专业图案是结合一定的工艺制作和使用功能要求来设计的，如服饰图案、陶瓷图案、建筑图案、染织图案等。

专业图案又可分为平面图案和立体图案两大类。平面图案是在二维空间中进行设计，只考虑平面装饰效果，如纺织面料、地毯、海报、壁挂、商标的图案。立体图案是造型与装饰相结合的图案，物体的造型和装饰纹样要同时设计，还要考虑装饰部位与整体造型的关系，如包装、陶瓷、家具、服装上的图案。

三、图案的表现方法

（1）线描法　以线条造型，用单纯的墨线表现物体的动态、结构、质感、立体感、空间感等，特点是概括、简练、流畅，但要求结构严谨、造型准确。

（2）素描法　明暗法侧重表现物象的明暗关系，是慢写的一种表现形式，以严谨的透视、造型及体面构成三维空间。

（3）淡彩法　用硬笔进行素描写生，除要求造型准确、结构严谨外，同时把对象的颜色记录下来。

（4）影绘法　即黑影平涂，是最大简化内部、强化轮廓特征的一种手法。

（5）色铅法　用彩色铅笔或水性彩色笔写生的画法，借鉴插图表现画面，笔触随意性较大且使用方便。

（6）写意法　相对工笔的另一种绘画表现形式，是国画里常用的描绘方法，以毛笔和墨色在宣纸上直接作画。

四、图案的基本特征

图案的基本特征，即实用性、适应性及装饰性，是图案设计实用、经济、美观的重要原则的具体体现。

（1）实用性特征　图案与绘画、雕塑、摄影等视觉造型艺术不同，它主要用于修饰人们生活中的实用物品，通过装饰点点滴滴的生活用品、环境和角落，在满足人们日常物质生活需要的同时，给人以美的享受，而不以观赏为唯一目的。

在现代生活中，图案的实用性还体现在通过美化商品达到提高购买欲、创造经济效益的作用。

（2）适应性特征　图案的适应性体现在两个方面：一是对工艺制作技术的适应，

表现为设计与制作有机结合的一个完整过程，图案设计只有通过一定的材料工艺加工成为物质产品，才能体现其价值功能。不同类别的图案必须适应不同的工艺制作条件及物质材料的特性，适应不断改进的新工艺和不断出现的先进技术设备。二是要适应各种不同的使用目的、使用环境，考虑使用对象的审美习惯等因素。

（3）装饰性特征　图案因其所具有的适应性特征，决定了它具有一种独特的艺术性语言，即装饰性，表现为物象造型的概括、变形与夸张。

五、图案的应用

图案是鞋类款式设计的重要素材，其纹路结构和形态的设计都是设计师极为关注的。初学者在对有图案的面料进行造型时，应对面料的图案进行归类定位，描绘时，熟悉和掌握图案造型的步骤和规律是造型技术的关键。

任务1：具象图案造型

在规定时间内，选择一个具体形态的图案，进行效果图表现。

具象图案指面料上辨识度高的图案，包括植物花卉、动物、人物和风景等元素。因为有具体的形象，初学者在对具象图案进行造型时显得更容易把握。

1. 图案形态选择

鞋类款式效果图中，图案并不是设计师的工作范畴。设计师主要担任对图案的选择，好的图案或是好的面料，往往能很大程度上减轻设计压力。

具象图案包罗万千，设计师可选择的空间很大。但需要注意，设计师在选择图案时，要考虑消费群体的年龄和性别。如设计师对童鞋上的图案进行选择时，应考虑到低年龄段的小朋友可能更喜欢卡通一点的图案，像海绵宝宝、机器猫，高年龄段的小朋友可能更喜欢柯南等人物类形象，这些都是他们在日常生活中经常能接触到的卡通人物；而成人则更喜欢影印的局部头像或者是规整的植物花卉类底纹，设计感明显偏向于成熟。

2. 图案形态的造型

具象图案形态描绘的成功与否也很大程度上影响着款式的效果，对造型者的要求也更高。对具体的图案进行描绘时，先用铅笔轻轻勾勒形态，确定图案的位置。在勾画的时候注意形态的长与宽的比例关系，再画与主体形态紧密联系在一起的次要图案，最后是背景的刻画。具象图案轮廓一旦确定下来，就用勾线笔进行勾勒，以徒手勾画的白描效果为佳。勾勒主体形象时，注意捕捉形体的特征，且线与线之间的距离要匀称。图案与帮面的边缘要保持5mm以上的间距，保证折边等工艺处理。图案在画面的位置以居中为宜，主体形象基本上都是以比较正面的角度进行描述，如遇到面料在鞋面上有明显的转折，就要根据鞋摆放的透视角度进行主体物的统一调度。

初学者在对具象图案如卡通动漫中的形象进行造型时，建议可参考图文资料。消费者对某一形象比较熟悉的时候，设计者更不能随意扭曲具象形态，以免影响画面质量。

任务2：抽象图案的造型

在规定时间内，选择一个抽象形态的图案，进行效果图表现。

在女鞋设计中，有大量没有具体形态的抽象图案面料，以点、线、面为主要的构成元素，形成大面积重复繁琐的美丽图案。抽象图案的形态特点是没有具体的轮廓，没有可比较的对象，很难界定画得像不像，这给初学者带来一定困扰。

1. 图案形态造型

在对抽象图案的面料进行造型时，先划分图案中呈现明显的区域。对抽象图案进行造型时，注意不要被它复杂多变的形态所迷惑，要寻找其重复或相同的形态或颜色。部分抽象图案会有重复设计的痕迹，先找到重复图案的分界线，对独立的图案进行刻画，再画重复的部分，时间和经验上都会有富足。

抽象图案的描绘过程中，没有特别具体的形态，需要重点把握的是线条的延伸关系和块面的色彩填涂关系。如迷彩图案的造型，迷彩图案既有抽象图案的规律性特征，也具备了不规律的一面。熟悉迷彩形态结构特点的设计师则可以直接在面料上填涂各种不同深浅的绿色斑块状色块，营造迷彩斑纹，不必太在意它的具体单位结构。当设计师表现的颜色和形态都接近于迷彩面料的特征时，所有的线条、色块都要一气呵成，最大限度地保持线条的流畅性，使图案能够清晰呈现。因为没有具体的形象，所以线条的疏密虚实成为变化的重点，在描绘时，不能忽略其中的变化。

2. 图案工艺造型

在对面料上的图案进行造型时，工艺形态的正确呈现也是造型技术的重要环节。对抽象图案进行造型，在分析图案的结构、寻找图案构成的规律的同时，必须观察其工艺的表现手法。如针车缝合上去的图案和直接印刷的图案，呈现出来的状态是完全不一样的。针车缝合上去的图案，轮廓边缘的线条可以全部采用节节断的匀称虚线来描画而不是实线；刺绣的图案，则运用高密度的45°斜线来表现图案的线段；如果图案是先镶嵌在皮料上，然后再缝合上去的，就要在图案外沿先用实线描绘出皮料的轮廓线，再在皮料轮廓线的内侧边缘描画上虚线表现缝线的效果；而印刷上去的图案就直白地采用实线进行表现。

[作业1] 学会发现鞋类产品中点、线、面组成的图案元素，练习简单的抽象图案形态。
要求：手绘的线粗细一致，块面分割大小合理。

[作业2] 学会发现鞋类产品中点、线、面组成的图案元素，练习复杂的抽象图案形态。

要求：手绘的线粗细一致，块面分割有主次关系，符合设计规律。

[作业3] 学会发现鞋类产品中点、线、面组成的图案元素，练习简单的具象图案形态。

要求：手绘的线粗细一致，主体图案清晰美观。

[作业4] 学会发现鞋类产品中点、线、面组成的图案元素，练习复杂的具象图案形态。

要求：手绘的线粗细一致，主具象图案与次具象图案位置大小分布合理。

第三章
鞋类配件造型

第一节　鞋眼造型

　　鞋类款式的局部部件造型中，鞋眼的造型简单，排列规律，不管是男女各种鞋类款式，只要有系带的设计，就需要鞋眼的造型，是所有系带鞋配件的基础配备。

　　鞋眼的形态有基本款和创新款。基本款的形态主要以圆形鞋眼为主；创新款主要是设计师为配合帮面款式设计的需要，对鞋眼外观形态特意进行改造加工，具有一定创新性。

　　由于鞋眼本身造型体积较小，造型简单，难以成为款式设计的重点和亮点，初学者觉得容易掌握反而不容易掌握其中的规律。其实，在鞋类款式设计中，鞋眼的出现必然是高密度，也就是说很少是单个出现，而一排或数列的出现必然会在整体设计中起到一定的作用，鞋眼的造型训练是初学者必不可少的基础训练项目之一。以专业的造型角度而言，鞋眼等款式细节的处理更能体现设计师的基本造型能力和表现能力。

任务1：单个鞋眼造型

　　在规定时间内，对一个鞋眼进行全正面俯视造型。

1. 形态规范

　　鞋眼的造型简单，审视者的关注重点就集中在形体的准确度上。鞋眼的练习可以从圆形或椭圆形的鞋眼开始，轮廓线的规范性训练将使眼睛的观察能力、手的表现能力以及设计者对画面的掌控能力都有足够的提高。圆是石膏造型中最难画的，所以在短时间内要画好一个圆并不像我们想象得那么容易。圆的鞋眼造型以环状出现，以肉眼判断，圆环要上下均衡、左右对称，大圆与小圆之间的距离要一致，线条要流畅肯定，中心点居中，形态描绘清晰。椭圆形鞋眼或是略带方形的鞋眼造型时，中间的眼形态依然保持正圆形态或根据鞋眼外轮廓的形态发生改变。单个鞋眼造型见图21。并可扫二维码4学习。

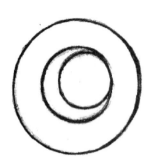

图21 单个鞋眼造型　　　　　　　　　　　　　二维码4

2. 中轴对称

当鞋样外形呈方形或多边行时，在造型初应先仔细观察，可用铅笔画出大致痕迹，以确保鞋眼的各条边线长短位置能基本一样。鞋眼如有适当的厚度的话，就需要根据实物厚度的数据，在轮廓线内侧刻画出相同的边缘线和棱线。练习时尽量采用全正面的透视角度，将训练的难度先降到最低。多边形的鞋眼造型关键点是上下左右鞋眼的边线排列位置要基本一致，每一个鞋眼的对应边线最好是完全平行的。这种处理手法虽然机械化，但却非常符合鞋眼造型在整体款式造型中的位置，是必不可少的细节，也是设计的重点环节。符号化的鞋眼造型处理，能在最大程度上保证画面的整齐，不会因为鞋眼的边线多而造成烦琐凌乱的感觉。

当设计师在帮面款式设计上采用了不规则的鞋眼时，也是鞋眼成为该款式亮点的时刻。基本的造型手法与圆形、多边形鞋眼的造型手法一致，要尽量保证每一条边线的完全相同的符号化处理。当某个鞋眼的造型为一大一小的两个圆的不规则结构时，在造型过程，如第一个鞋眼造型位置是小圆朝上45°时，那么接下去造型的所有鞋眼的形态都要严格遵循第一个鞋眼的造型位置，确保都是小圆朝上成45°。另外，由于造型的需求，不规则的鞋眼可能在画面上需要占用更多一些的面积，在设置鞋眼的位置时，注意鞋眼片的前后上下都要预留出足够的空间，用于鞋眼片等帮面折边等工艺处理。

当部分鞋眼上还镶有英文字母或其他形态的花纹时，初学者也不用太紧张。在完成基本轮廓的造型后，在鞋眼相应的位置描绘出主要装饰性花纹轮廓，象征性地描绘上部分字母表示与实物款式的相似度即可。

任务2：成对鞋眼造型

在规定时间内，对两个一样的鞋眼进行正面造型。

成对鞋眼造型的技术难点是以肉眼来判断，鞋眼除了其自身的形准以外，两个眼的形态大小必须基本一致。

1. 单个形准

参照单个鞋眼的造型步骤，描画第一个鞋眼。鞋眼的形态、线条的成型质量都应该要高于前面单个鞋眼练习。在用铅笔画轮廓线的过程中，单个轮廓呈现中轴对称造型，注意左右上下形体的调整和校对，使之肉眼判断没有偏差为准。

2. 大小一致

首先是标出辅助线：第一个鞋眼的造型完成后，在它的平行位置再画一个相同的鞋眼。以第一个鞋眼为准，找出其中心点，平移画出第二个鞋眼的中心点；在第一个眼的宽度位置画两条平行线，平移画出第二个鞋眼的宽度线，保证第二个鞋眼的宽度与第一个鞋眼的一致性；同样，移画出第二个鞋眼的长度线，找到第二个鞋眼的对应位置；寻找第一个鞋眼的局部宽度线，如圆环内侧线等，描画出第二个鞋眼的相应线段；再根据描画的辅助线，反复调整两个鞋眼的各个部分大小宽窄关系，直至两个鞋眼外观看起来是一样的；然后，按照单个鞋眼的要求和步骤，描画出第二个鞋眼。

设计者不但要看着手上正在描绘的鞋眼，还要时刻观察第一个鞋眼与第二个鞋眼的形态差异，造型过程中，始终保证两个鞋眼看上去是差不多大小的，就像是电脑复制似的。在单个形准的基础上，要求成对均匀，对手和眼的考验程度在不断地加大。成对鞋眼造型见图22。

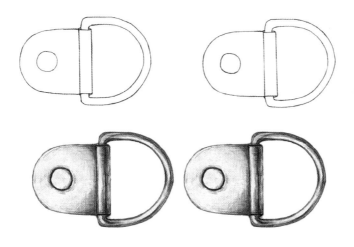

图22　成对鞋眼造型

任务3：单排鞋眼造型

在规定时间内，对一排（多个）鞋眼进行正面造型。

1. 大小一致

参照单个鞋眼的造型步骤，先描画第一个鞋眼；依照两个鞋眼的造型手法，反复核对前后鞋眼的宽度辅助线等，依次画出第二个鞋眼；第三个鞋眼大小宽窄参照第二个鞋眼，以此类推；然后调整鞋眼的外轮廓形态，达到所有鞋眼的外形一致；核对各个鞋眼的中心线位置，保证所有鞋眼的中心点一致；核对各个鞋眼局部边框的位置，调整到各个鞋眼的局部看起来差不多。

2. 间距一致

单排鞋眼造型的难点是每一个鞋眼之间的距离必须保持一致，严格符合鞋眼制作工艺的造型特征。在造型过程中，先画一条直线，在直线上标出每个鞋眼的高度位置；再标出每个鞋眼之间留出的距离，鞋眼与鞋眼的间隔位置等类似于字的行间距，距离都要相等；最后需要设计者反复核对鞋眼的定位点，不断调整，直至每个鞋眼之间的间距能够几乎相等，完成所有鞋眼的单个造型。

画一排（多个）鞋眼，鞋眼的形体大小、制作规格、线条粗细、鞋眼的间距都要相互参照，互相比对，难度比画一堆鞋眼要大。单排鞋眼造型见图23。

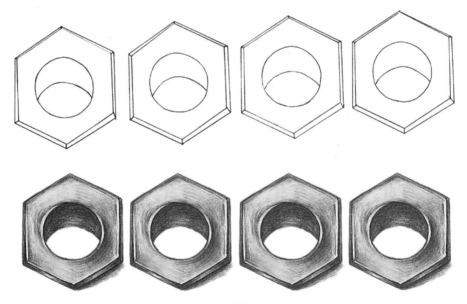

图23　单排鞋眼造型

任务4：多排鞋眼造型

在规定时间内，对多排鞋眼进行正面造型。

1. 大小一致

参照单排鞋眼的造型步骤，先描画第一个鞋眼，反复核对前后鞋眼的宽度辅助线等，依次画出第二个、第三个鞋眼，以此类推画好第一排鞋眼；再从头开始，重复以上步骤描画第二排鞋眼；在造型过程中，依然需要不断调整鞋眼的外轮廓形态、核对各个鞋眼的中心线位置、核对各个鞋眼局部边框的位置等。

2. 上下行距一致

按照单排鞋眼的造型规律，先描画一条直线，再刻画单个鞋眼，再调整鞋眼的位置，保持单排以内的鞋眼与鞋眼之间距离是一样的。

3. 左右行距一致

两排鞋眼造型的技术难度，不仅仅是肉眼判断所有的鞋眼都一样大小，而且第一排鞋眼与第二排鞋眼之间，所有的距离都保持一致。技术关键是依照单排鞋眼造型的第一条直线，画出另一条平行线；再对照第一排鞋眼的造型，对应描画之后的鞋眼，不断调整直至一样。

在多排鞋眼造型过程中，注意调整时要关注整体性，需根据帮面款式造型的角度和周边帮面特别是鞋眼片的轮廓造型幅度进行调整，以基本平行于轮廓线为宜，应能体现一定的曲度变化。前后排鞋眼之间的上下位置要对齐，产生散点透视变化时鞋眼的间距要均匀，呈自然状向周边辐射。从每一个鞋眼规范开始，到每对鞋眼的相似，再到每一列鞋眼的行间距，直至观察者肉眼无法在第一时间内分辨出其中的区别，这需要一个科学艰苦的训练过程。多排鞋眼造型见图24。

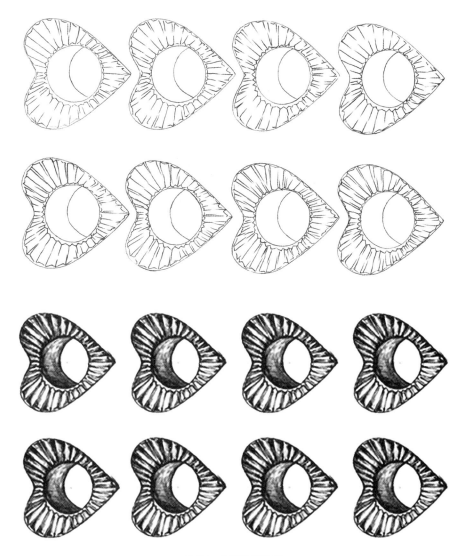

图24　多排鞋眼造型

同时，设计者需要重新审视对象中造型差异比较大的个体，进行修改，在时间允许的范围内，要不断地消灭排列之间最大或是最小的鞋眼，提高整体的和谐性。同样，我们完成了最常用的正圆形鞋眼训练，也可以将其他形态的鞋眼作为练习对象，如椭圆形、半圆形、方形、心形、长条形等不同造型，其训练步骤和技术要点都是一样的。

[作业1] 练习一组正圆形鞋眼形态。

[作业2] 练习一组椭圆形鞋眼形态。

[作业3] 练习一组心形鞋眼形态。

[作业4] 练习一组异形鞋眼形态。

要求：以上作业手绘的线要粗细一致，鞋眼大小一致，鞋眼间距一致。

第二节 鞋珠造型

鞋类款式设计中，鞋珠的形状以圆为主，材质包括珍珠、珠片等类型，颜色有透明色和不透明色等。直径小的为1～2mm，直径大的可以达到10～20mm不等。鞋珠的出现通常都是密集型的，成组、成列、成堆地出现。珠子的形态以圆形居多，造型的难点是如何在不到一两秒的时间内造就圆球的形态以及更多形态一样的叠加的圆等。

任务1：圆形鞋珠造型

在规定时间内，对单颗圆形鞋珠进行全正面俯视角度造型。

1. 轮廓造型

圆形鞋珠，即正圆体的造型，造型的关键是圆的外轮廓线需要徒手画准。初学者如果一笔画一个整圆有困难的话，建议一种比较随意的画法：先用铅笔正手描出一个半圆，然后再反手描绘剩下的半圆，将两个半圆进行勾画组合，边缘用橡皮擦拭处理整齐；或者采取规范的手法，先画一个正方形，在方形里面画出十字坐标，再将方形周边切圆，直至成为一个正圆。

大多数鞋珠都需要穿线固定。穿线孔的造型可以简单描绘出圆形的切割面，通常孔的位置放置在一侧，以部分俯视的角度进行表现。透明材质的鞋珠则可以直接画两条直线贯穿鞋珠整个造型，再勾画出上下两处孔的圆形切面。

2. 立体造型

圆形鞋珠可以按照球体进行立体表现。在鞋珠的形状上，画出明暗交界线，画的时候注意手腕单侧用力，使造型中有一侧作为珠子的最暗部位来表现；然后，在最暗的地方向两侧晕染，进行灰调的表现，暗部的线条排列紧凑，才能制造出圆形立体的光影效果；在球体最暗部的另一边，高光的部分直接预留出来；最后，在紧贴鞋珠的底部画上阴影。

还有一种简单的表现手法，徒手画好珠子的轮廓线后，绕着圆心画无数个连在一起的圈圈，形成卵形的明暗交界地带。虽然球体的暗部是蚕豆形态，但考虑到造型时效，初学者在实验的过程中只要画圆圈就可以有效实现球体的立体感，是非常好用的造型手法。

鞋类产品上，如果有数颗鞋珠同时存在，无论珠子的大小、形态、颜色存在着怎样的差异，在造型过程中，全体珠子的暗部和亮部的位置必须相对统一，在鞋珠轮廓线的单侧涂上投影，加强圆的立体感，整体画面才会更完整。圆形鞋珠造型见图25。

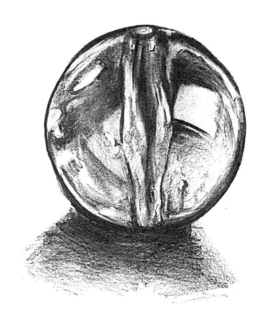

图25 圆形鞋珠造型

3. 空间表现

款式造型中，圆形鞋珠数量不止一颗的时候，首先要梳理鞋珠前后上下的空间关系。先刻画最上面或最前面形态相对完整的珠子，再描画后面或底下部分形态被遮盖的珠子，这样有利于造型效果。在完成前面或上面的珠子造型后，为了强调其位置，可以故意将其投影直接投射到后面珠子上。鞋珠的底部如果还有其他造型时，也要注意鞋珠对其投影的作用，形成层叠的效果。部分鞋类款式中，鞋珠用透明线固定在鞋面上，也可以描画出珠子上穿线的小圆洞，画出透明线段，表示其穿插的视觉效果，使画面更加紧密。

任务2：管状鞋珠造型

在规定时间内，对管状鞋珠进行正面俯视角度的造型。

对球状鞋珠按照几何球体的造型规律进行描绘，对管状鞋珠以圆柱体手法进行轮廓的表现。管状鞋珠体型细小，初学者在描绘小面积的鞋珠时，要换成细的自动铅笔才能完成形态的造型。

1. 轮廓造型

管状鞋珠造型上区别比较大的是有直的和弯的两种形态，另外还有各种粗细长短不一的特征，但画法都比较接近。单个管状鞋珠的造型关键在于两个小的圆形切面。先画两条直的或是弯的平行的线段，线段的长度和宽度都要均等；在线段的两侧描画平行线，画出鞋珠的长度轮廓线；保证中轴对称的状态；确定两侧狭长的体型后，在管状鞋珠两侧描画切割面，单侧圆的体现不宜过正，以带有俯视角度的椭圆为佳，配合着画好管状鞋珠的另一端底部圆形弧线，弧线的形态基本重合于前端管状的圆形切口；在显露的一侧切口，描出穿线孔造型。

2. 体积表现

在管状鞋珠的下侧描画上部分投影，强化出鞋珠的体积感，所有鞋珠的投影都集中在一个方向，保持鞋珠的整体感。然而，管状鞋珠在鞋帮出现时会是成列或成片的形态，在造型过程中，清晰而规整地表现成为造型的关键。初学者可以尝试着整体造型的方法，先画好所有管状鞋珠两侧的平行线。平行线在鞋面的排列存在一定的规律，平行线的定位有助于管状鞋珠排列的整齐性。画完两侧平行线后，再逐一完成上下两个底面的造型，这样能缩短整体的造型时间。为体现画面造型的细节感，也可以在管状鞋珠的底面圈出小孔，将裸露在鞋面的一小段线条进行肆意的描绘，但这需要非常扎实的造型能力，否则容易带来画面的混乱。当鞋珠的直径过小时，就要考虑从整体上表现鞋珠，抓住局部认真刻画一小片区域，其他部位可以省略带过。

在造型过程中，为了避免管状鞋珠与周边的工艺设计部分如褶皱等混淆，轮廓线的勾画是技术的关键点。在处理手法上也要刻意进行区分，如管状鞋珠的前后两段的洞口造型线一定要肯定，而褶皱则有一边必然要呈消失状态。在做明暗调子的时候也要注意，加强鞋珠本身的黑白对比，而要弱化褶皱的阴影效果。管状鞋珠造型见图26。

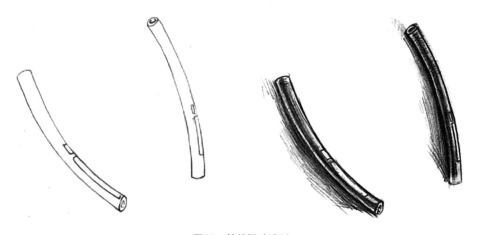

图26　管状鞋珠造型

任务3：片状鞋珠造型

在规定时间内，对片状鞋珠进行正面造型。

片状鞋珠有正圆、椭圆等形态，也有贝壳形、扇形、卡通形等，正装鞋多采用正圆等相对简单形，童鞋则采用形态多变的各种卡通物象。厚度线表现要薄并且细，在鞋珠数量较多的情况下，就需要设计者对笔有一定的控制力。

在练习的过程中，建议采用圆的正面俯视角度。圆形珠片的训练，与鞋眼的训练原理一致，尽量做到形体规范、线条浓淡、粗细均匀，确保画面的干净整洁。在表现珠片时，建议先观察珠片的基本结构，做到心中有数，避免设计中出现低级错误。珠片的结构基本上是较为对称的形态，珠片内部都会出现一个小圆孔，鞋上的珠片就是通过这个小孔，穿针引线，达到固定在帮面的效果。

1. 轮廓造型

造型中，先画珠片的外轮廓线。珠片数量较多时，建议适当放大珠片的形态，一方面可以节约造型时间，另一方面也可以让效果更加清晰，而不影响它的总体效果。如果是最常用的正圆形态，建议设计者尝试只会三分之二圆或四分之三圆，这样的圆形是可以逆时针一气呵成的，留出高光位置，就不用再画第二笔补充圆的轮廓线；如果是多边形或扇形等珠片，则需要小心对应表现，避免出现明显的不对称。然后画穿线的小孔，穿线孔有大有小，多数为圆形，位置居中或在正上方、正下方。珠片的穿线孔如果只有一个，基本上在中心位置或是偏上的正中央位置；如果珠片整体设计中上半部分造型比较丰富，穿线孔则会设置在偏下的正中央位置；也有上下都设置穿线孔的珠片，多为一侧多一侧少的设计；多个穿线孔之间距离相等。

2. 厚度表现

在孔的内侧画上一点厚度线，注意所有同一面珠片的厚度线位置必须要保持一致；再描绘珠片上的装饰，包括部分装饰线段或装饰印痕，装饰线段可以与穿线孔对应表现，保证形态的精准度。描绘多片珠片时，应注意上下的穿插关系，确定最上面珠片和最下面珠片的位置，即起点和落点，如若珠片之间出现相互遮挡，则遮住的部分直接省略不画，以保证表现的速度和画面的整体效果。片形鞋珠造型见图27。

   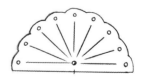

图27　片形鞋珠造型

由于鞋珠的体态单薄，鞋珠的明暗可以直接忽略，过多的效果表现容易使鞋珠显得沉重而油腻。部分带有五彩颜色的鞋珠，在用铅笔或勾线笔描绘完成后，直接用两到三种不同浓度的同色系马克笔进行上色，表现出固有色、暗部和亮部，就能达到非常漂亮的效果。

[作业1] 练习一个正圆形鞋珠形态。
要求：手绘的线粗细一致，鞋珠形态接近正圆。

[作业2] 练习一组圆形鞋珠形态。
要求：手绘的线粗细一致，鞋珠形态规范，大小一致。

[作业3] 练习一个管状鞋珠形态。
要求：手绘的线粗细一致，管状部分粗细均匀。

[作业4] 练习一组管状鞋珠形态。
要求：管状部分粗细均匀，各个管状鞋珠大小粗细一致。

[作业5] 练习一个片状鞋珠形态。
要求：手绘的线粗细一致，片状鞋珠形态规范。

[作业6] 练习一组片状鞋珠形态。
要求：片状部分粗细均匀，鞋珠正中央圆孔大小均保持一致。

第三节　鞋扣造型

鞋子的装饰手法多样，各种各样的材料都会使用到，其形态也千变万化，是体现鞋子特色的重要部分。鞋扣，一种通常为黑色而有光泽的球形纽扣，用来扣紧鞋子。鞋扣绘制应该细腻，注意表现饰物的质感，细节的深入刻画会使鞋子的造型更加生动、传神。扣饰具有固定和装饰双重实用功能，也是鞋子上少有的比较精细的部分，是需要深入刻画的主要部分，除了表现不同材料的质感以外，还要根据光照来表现鞋扣的体积和厚度。

用配件装饰鞋类，成功与否取决于配饰本身的造型美和配饰与鞋类整体的结合。鞋扣形状上有集合、抽象、文字、仿生等，材料上有金属、合成、骨类、牙类、玉类等，工艺上有冲压、电镀、组合、浇铸等。

高光型金属饰件的光泽可以通过工整的笔触、强烈的明暗对比表现出来。高光处可以留白不画，同时加重暗部的处理，增进其明暗对比。素面鞋扣造型是对形的基本训练。扣的形态非常简单，没有任何多余的配件和装饰，轮廓线的表现是对初学者最大的考验。与整体款式造型中对线条的要求相比，鞋扣的线条要更加肯定明确，所有的线条浓度要加深，线条的宽度要严格把握，细而浓为上佳，所有的节点都要画到，可以这样说，款式里面线有虚实的处理，鞋扣里面的线全部用实线。

这里，我们就以最常出现的金属材料分类为例，分别介绍绘制鞋扣的造型方法。

任务1：素面鞋扣造型训练

鞋类金属饰件从外观效果上看，主要有高光型和亚光型。高光型金属饰件的受光特点是高光很亮，而且高光比较多并比较大，反光也较高，调子过渡由亮到灰再到暗，较为突然。

1. 轮廓造型

先用铅笔徒手描画一个标准的圆，然后在圆内再画一个圆，形成一个圆环。圆的形态很简单，这个阶段不但训练手的表现力，而且在画第二个圆时，必须不断审视与第一个圆圈的关系，对眼睛的观察力也进行了锻炼。但真正凭手工描绘一个肉眼看起来很圆的形态是有一定难度的，初学者可以参考前面鞋眼的基本造型步骤和手法。

再根据鞋扣的制作工艺，从正中间的位置描画出鞋扣的中轴，中轴部件的造型是规范的圆柱体造型，两侧线条需要用笔直的线条造型，注意控制中轴部件的宽度，一般不会宽于圆环。中轴部件与圆环衔接部位的造型，可以参考圆柱体的切口表现，在中轴的1/3或少于1/3和2/3或多于2/3处描绘两节一样的固定小环，其透视角度必须与中轴部件的透视保持一致。

两个固定小环中间留出等于或多于中轴总长的1/3长度，刻画扣针造型。扣针结构是一头包围中轴部件，呈椭圆形，需描画出扣针的上下厚度。扣针本体部分可以塑造成均匀的、略微上扬的、有厚度的扁形状。扣针尾端造型不但要注意其不同线段的起伏、还要注意线条的长度，尾端要务必搭在圆环造型上。

在练习造型基础的阶段，可能需要反复修改，在描绘过程中，建议尽量不借助圆规。

2. 体积表现

鞋扣的素描表现最容易出彩，塑造得好是拉开较为平面的帮面和立体鞋扣不同材质不同空间的有效手段，能增加画面的层次和节奏感。圆环的立体效果，可以理解为绕了一圈的圆柱体的造型，画出圆环的明暗交界线；注意光影对圆环的影响，明暗交界线在圆环上的上下位置会有些许变化，鞋扣体积小巧，确定一个固定光源，画出简单地明暗调子即可。描画明暗交界线的时候，注意手对线条的控制，浓线条不宜过多，在绘制两边灰调时，要快速拉开色差，保留大量高光与空白位置，体现金属材质的光亮度。对中轴部件、固定环、扣针部位，也以相同的手法描绘出明暗交界线，注意明暗交界线在各个部件的表现位置一定要统一。最后，在鞋扣的底部做部分阴影处理，烘托出鞋扣的金属质感。当然，还有一点很重要，对鞋扣的绘制，时间要控制在2～3分钟。素面鞋口造型见图28。

图28　素面鞋扣造型

任务2：有凹凸点鞋扣的绘制

1. 轮廓造型

首先，描绘鞋扣的外轮廓线。根据鞋扣的造型特征，建议先画出上下两道完全平行的鞋扣高度线，注意宽度的一致；再描画出左右两道各自平行的线段，尾端收集，呈现出倒置的梯形状态。将鞋扣的四个角做一个基本的弧度处理，初学者可能会忽略对边角的处理，但是大部分鞋扣工艺制作考虑到穿着的安全性都会处理边角。然后，在中间的位置画上中轴部位、固定小环、扣针等部件，具体造型手法参照前面素面鞋扣造型。在梯形轮廓的中间描画一条中心线，在此线上描画出一系列内凹的圆形，遵循鞋扣的制作工艺，圆形小坑的形态大小是一样的、小坑之间的距离也是相等的。

2. 体积表现

鞋扣轮廓的明暗造型的手法和塑造的位置都可以参照前面素面鞋扣轮廓的造型，在此基础上，在鞋扣面上做出凹点的素描效果。在鞋类效果图表现中，可以紧挨着凹点的边缘线一侧，往凹点的底部即中心点描画调子，由深到浅；也可以在凹点底部描画一个中心点，表示凹点的底部，再在凹点的一侧描画由深到浅的调子；在造型过程中，注意控制明暗调子中线条浓度的一致性。凸点的立体表现见后面篇章介绍。有凹凸点鞋扣的绘制见图29。并可扫二维码5学习。

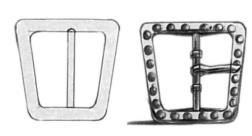

图29　有凹凸点鞋扣的绘制

二维码5

任务3：花形鞋扣的绘制

女鞋款式配件中有形态各异的美丽鞋扣，相对于圆形鞋扣，其造型难度增大很多。

1. 轮廓造型

首先，描绘轮廓线，花式鞋扣造型相对复杂，建议先描画长度、宽度以及各个物件细节位置的辅助线、定点等；在辅助线及定位点的基础上，描画各个部位的结构线；调整结构线的大小、粗细、对称等关系。需要关注两边的对称关系及每个小的轮廓边线的面积的控制，肉眼看起来，小的分解面应该都是一样大小的。如果鞋扣上还有装饰物件，如水钻、鞋珠等，则参考前面具体任务案例，再进行刻画即可。

2. 体积表现

由于花式鞋扣造型的特殊性，在表现过程中，要注意准确判断凹凸面，进行不同手法的表现。先准确画出结构线上的明暗交界线，鞋扣结构线宽度有限，在表现过程中，只需要画出简略的明暗调子即可；再在鞋扣上较大面积的结构上进行较为丰富的层次塑造，如凹凸面的变化等；最后，在鞋扣的细节上进行调整，为了突出鞋扣金属材质的体积感，与鞋类产品中皮质面料视觉质地的不同，可以在鞋扣的下方或侧下方描画一条厚度线。需要注意的是，整个鞋扣厚度线的方向必须一致。鞋扣上装饰物的厚度线也能帮助其与鞋扣本身造型在体积层次上有区别，是非常有效的造型手段。花型鞋扣的绘制见图30。

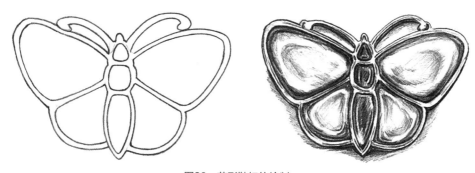

图30　花形鞋扣的绘制

[作业1] 练习一个正圆形素面鞋扣形态。

要求：手绘的线粗细一致，鞋扣形态接近正圆，素描表现有金属质感。

[作业2] 练习一个有凹凸设计的鞋扣形态。

要求：手绘的线粗细一致，鞋扣上凹凸表现得当，素描表现有金属质感。

[作业3] 练习一个花式鞋扣形态。

要求：手绘的线粗细一致，花式结构符合工艺制作要求，素描表现有金属质感。

第四节　鞋带造型

鞋类造型效果图中，鞋带并不是绘画的重点，却很容易成为效果图最大的败笔。很多企业在拍摄样品时，都会选择将鞋带塞到鞋腔里面，主要是考虑到鞋带的造型可能会干扰到款式效果。

鞋类效果图中，鞋带的作用也是如此，正确的鞋带的表现手法能增加款式的整体和谐感。鞋带的造型是鞋饰品造型中基础的部分。

任务1：鞋带造型

根据圆形和扁形鞋带形态的不同，表现手法略有不同。圆形鞋带需要做明暗交界线的处理，以表示部分圆柱的效果；而扁形鞋带则可以在轮廓线下侧追加一条线，强调它的厚度。鞋带的材质则可以简单处理，斜纹编织或是横纹编织的，加线表现就可以。对于鞋带的单独造型，技术关键是鞋带的形体的塑造表现和机织线条的表现。

1. 形体塑造

圆形鞋带体积更为狭窄，描画轮廓线条时要注意控制鞋带的宽度。在描画鞋带本体的编织纹路时，要依循鞋带体形的转折。圆形鞋带粗织纹路刻画的重点是鞋带上颜色最重的那一条条的横向线段，应统一画成同一个透视角度的弧度线段，表示鞋带形体是圆形的；圆形鞋带细织纹路则只要描画出其本身编织纹路即可，形体特征主要依靠形体的明暗交界线来加强。

扁形鞋带的形体造型技法可参照圆形鞋带，只是扁形鞋带的面积比圆鞋带要大，鞋带轮廓线的宽度可以适当加粗，纹路塑造也同圆形鞋带。

2. 立体效果

对于圆形鞋带或扁形鞋带，除了在外观上控制它的宽窄度，即圆形鞋带画窄些，扁形鞋带可以画得宽一些之外，最有效的就是明暗的表达。由于鞋带面积的限制，不需要过多的表现手法，只要做单侧的明暗交界线的处理即可。圆形鞋带的明暗交界线参照圆柱体的表现手法，离开轮廓线约1/3的位置，大胆地描画明暗交界线，从最浓的调子到浅灰调子，在鞋带2/3宽度的位置结束。扁形鞋带刻画的重点不在其宽度上，要在鞋带轮廓线的下侧追加一条线，表示它的厚度，重点是在厚度范围内略加明暗处理，可以增加立体效果。扁形鞋带本体的明暗交界线原本就只有一个面，没有过多变化，造型时在离开轮廓线的位置，小心地描画明暗交界线，需要控制明暗的浓度，一点点就可以，画面始终保持干净明亮的平面效果。

3. 质地表达

无论是圆形鞋带还是扁形鞋带，质地表现主要是纹路的描绘，最好用自动铅笔描画，可以较为细致地刻画出细织纹路。细织纹路看似复杂，由于受到机织工艺的限制，都是机械排列，只要找到规律，重复表达就可以。当然，在鞋类效果图中，为了在最短的时间内表现鞋带的质地，初学者在造型过程中也可以通过在平行线上画直线和斜线的方式表现扁形鞋带的纹理，在鞋带的表面画上均匀有序的半圆形线段表现圆形鞋带的纹理等。鞋带上密集的线条表现有利于加强画面线条密与疏的节奏感，增加画面的美感。但对于款式设计而言，鞋带质地的表现并没有实质性的作用，受到时效性的限制，也可以忽略纹理的表现。圆形鞋带造型见图31，可扫二维码6学习。

图31　圆形鞋带造型　　　　　　　　二维码6

任务2：系带造型

很多初学者在造型过程中过于追求鞋带本身的造型变化，在同一条带上强调宽窄透视的变化，其实这些都与设计无关。在系带造型中，设计者应理性地分析其转折、衔接部位的变化，高度概括提炼鞋带的结构关系。

鞋带的表现手法以平行描绘和交叉描绘为主。

1. 平行系带造型

平行系带造型是指在帮面上确定好鞋眼的位置后，以平行于鞋舌的方向，根据鞋带本身的粗细，平行描绘鞋带的形态。在描画鞋带的宽度和厚度时，根据制作工艺可以表现成一样的。先画鞋带的宽度线，它们是略带弧度的平行线段。所有鞋带的宽度线一起描画，可以有效控制描画的速度和线条的弧度。鞋带之间的距离是完全相同的，这样表现更符合鞋眼的制作工艺。造型中，鞋带一头消失于内侧脚背，另一头消失于外侧鞋眼。消失于内侧脚背的鞋带部位的线条描画明显高于脚背，以表示鞋带的走向；消失于外侧鞋眼的鞋带部位的宽度应等于或略窄于鞋眼的直径；在接近鞋眼的位置，鞋带呈收拢状，消失于鞋眼部位，以表示鞋带的穿插关系。

2. 交叉系带造型

交叉系带造型是指在帮面上确定好鞋眼的位置后，先描画平行系带的造型。造型关键依然是鞋带穿插部位和消失部位的衔接。在平行系带的造型基础上，从下侧一边鞋眼部位的线条衔接上侧另一边的鞋带消失的部位，再从上侧一边鞋眼部位的线条衔接下侧另一边的鞋带消失的部位，形成"X"型的交叉形态，直至完成所有系带的造型。

在绘制过程中，呈符号化处理，所有鞋带的粗细在画面上都是接近一致的，不需要有写实性的抖动等效果。条状系带部位的明暗表现与款式本身的颜色深浅无关。没有必要刻意将黑色的鞋带涂黑，突出鞋带部位，否则容易使画面失去平衡感，只需要在1/3处描画部分明暗交界线表示带子的厚度即可。

任务3：结头造型

鞋带的系法有很多种变化，在学习初期，较理想的方法是能记住其中的一两种固定的表达方法，这样的话，再设计就比较方便了。系法的表现要点是中间的结节要表现清楚，在鞋带环绕的外围，有明显的圈痕；其次是绕进去的部位，要有始有终，线头从哪里出来，在哪里进去都要表达完整。

鞋带的技术难点是打结部位结头的表现。结头的造型有很多种，以丁字形和井字形为主。丁字形的结头造型比较容易，在鞋带头交接的部位，画两条粗短的垂直线段表示结头，在结头的一侧画出两个弧度线，和鞋带的结束部位呈现出蝴蝶结状。或是在线段的中间位置下方画一条平行的线段，线段的两头收紧，消失在上方线段后，绕过原线段反穿回来，形成井字形态的结头造型。为了保证结头的完整性，在结头的一边描画蝴蝶结状结构和剩余的鞋带。

结头由横竖不同方向的线段组成基本的固定结构，并不是简单地圈一个圈就糊弄过去。初学者可以自己动手系下鞋带，观察鞋带结头的结构，寻找结构的规律，更好地理解结头的造型特点。由于在鞋类造型中习惯采用部分俯视或侧面的角度，当鞋带成型后，两边的结状结构也是没有绝对对等或重合的。为了保证结头的完整性，在结头的一边描画蝴蝶结状结构和剩余的鞋带，靠内侧的造型有部分应当是消失看不到。鞋带结头造型见图32。

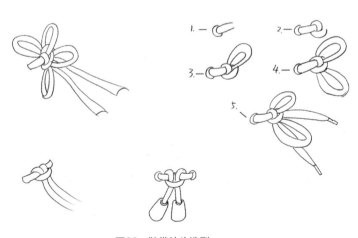

图32 鞋带结头造型
（1~5表示顺序）

[作业1] 练习一条完整的粗圆形和细圆形鞋带形态。

要求：手绘的线粗细一致，浓淡一致，鞋带形态接近正圆，透视合理，结构完整，素描表现有质感。

[作业2] 练习一条完整的宽扁形鞋带形态。

要求：手绘的线粗细一致，浓淡一致，鞋带形态符合扁圆造型，透视合理，结构完整，素描表现有质感。

[作业3] 练习一条打结的完整鞋带形态。

要求：手绘的线粗细一致，浓淡一致，透视合理，结头结构完整。

第五节　拉链造型

拉链是鞋类产品中出现频率非常高的部件，无论是男鞋还是女鞋，也不管是凉鞋还是靴类，拉链的造型也在随着鞋类款式的变化发生相应的改变。

款式需求的创新也带动市场上拉链的形态开始摆脱单一的实用性特质，迎合各种装饰性的需要。鞋类产品款式中的拉链的造型变化，以拉链头的造型变化最为明显，有简单的光面拉链，也有很多特色的镶嵌拉链，甚至在拉链头上附带很多装饰物。在进行拉链造型的训练过程中，要关注拉链头的结构和变化规律。拉链造型分两部分，一是拉链头的造型，二是拉链条的造型。

任务1：拉链头造型

拉链头的造型需要遵循素描基本造型中近大远小的透视关系，造型关键是局部立体感的表现。

1. 轮廓造型

通常，拉链头固定面的体积是最大的，也是拉链头造型的根本，其固定面呈对称形状。左右对照描画出轮廓线后，在中央部位描画悬挂装饰件的插孔，插孔有一定的厚度和高度，如果是全正面俯视角度则可以忽略高度的表现。固定面的内侧由于镶嵌在拉链里面，即使在鞋类效果图的表现中，也是看不到的，所以不用刻意表现它。部分拉链头上有装饰物，装饰物大多以各种形状的环加上小装饰件，可以从插孔位置开始逐个描画各个环，注意环的位置为"正面＋侧面"，以此类推。最后，装饰件体积都要大于或长于前面的环结构，基本也是呈中轴对称状态，注意线条的干净利落。造型过程中，要关注结构的穿插关系，局部相互的衔接穿插要表现准确，特别是起始与结束的位置。

2. 质地表现

拉链头的材质以金属和亚克力为主，应适当强调它的厚度性，增加其与帮面的厚薄差异，突出材质的特征。

金属材质拉链头技术表现的关键是加大黑与白的对比。首先，在拉链头轮廓线的基础上，刻画每个结构的厚度线，务必根据视觉统一透视角度表现厚度线，并遵循近大远小的透视原理调整造型线条；各个结构厚度线的塑造有利于拉开层次，使拉链头的整体造型看起来更加厚实。在表示厚度的形体内填涂阴影效果，加强物件的立体感。拉链头本身受到材质的影响，受光面上会出现极小面积的黑色与大面积的高光或留白，可以用铅笔重点刻画其效果。拉链头各个部件都可以进行明暗处理，表现过程中，可以加大黑与白的对比，强调高光的表现，塑造金属的深邃感。最后，在拉链头的整体位置下面，画上小面积的投影，强化拉链头的立体感，增加画面的节奏。

亚克力材质的技法表现可参照金属材质，但在明暗效果的表现上，不要过于强调黑与白的对比关系，以浅灰调子的变化为主。

无论是金属材质还是亚克力材质，拉链头的整体造型以体块的表现为主，以清晰亮丽为主，以朴实敦厚为主，造型风格忌轻忌飘。拉链头造型见图33。

图33　拉链头造型

任务2：拉链条造型

拉链条的造型相对简单，分析其材料结构，在造型过程中适当简化提炼。

1. 衬布造型

先描画两边链条边的衬布。在拉链的结构中，所有的链条都依附在旁边的衬布上，衬布和面料是缝合在一起的。对拉链条的造型表现需要取舍，保留外观能看到的拉链条与帮面衔接的位置，即两道压茬线。在取样板的过程中，拉链部位绝大多数的压茬线都是直接用尺子画出底线，其造型基本上都是直挺的，在造型的时候需要注意不能画得歪歪扭扭的，省略其依附鞋楦形体而出现的转折。

2. 链齿造型

链条中链齿相互咬合的造型是整个拉链造型表现中的技术难点。很多初学者对于像链条这样看似造型复杂、数量庞大的细节容易退缩。由于受到工艺技术的限制，其实拉链条中链齿的变化是相对固定的。链齿的下端，宽度与长度基本上是比较接近的，因为工艺的需要，一般是方形，固定在衬布上，只会产生长短的变化，造型可以以固定的常规数据来表现；链齿咬合部分无论是半圆形、扇形、尖角形还是方形，其结构特征为上下排的形态都是旋转180°，紧密咬合。

可以先描画出所有链齿的下端平行线，再描画出一侧的链齿头部造型，将纸反过来描画另一边的链齿头部，完成链条中链齿的造型。就一条拉链而言，其链齿相互咬合的细节结构都是完全一样的，我们只需要不断重复表现就好。表现的亮点是链齿的厚度，如同表现立方体的厚度，使其与衬布的单薄形成鲜明的对比，画面会更加精彩。

在训练时，只要取一个最小单位分析清楚，就可以进行重复表现，直至完成整体拉链造型。拉链条造型见图34，可扫二维码7学习。

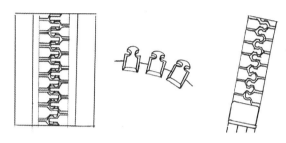

图34　拉链条造型

二维码7

鞋类款式设计由于受到时间的限制，在密集型的细节表现上，可以简化处理。链齿咬合最简单的表现就是在两道直线中间密集地画上等距离的平行短线，最后在平行线的中间画上一道直线表示咬合。在链条的两条直线中间先画上一条直线，再在两边画上错落的短直线，也可以表示咬合的关系。折中的画法是，在链条的两道直线中间，一粒一粒地进行"凸"字型的造型，使对面字型能完全对应上，这是最接近拉链条实际物态的表现方法。这几种方法虽然不如写生类的造型精致，在拉链只能看到一小部分的情况下，倒是可以经常性使用，尤其适合造型能力较弱的初学者。

［作业1］练习一个完整的光面金属拉链头形态。

要求：手绘的拉链头透视合理，结构完整，素描表现有金属质感。

［作业2］练习一个完整的异型金属拉链头形态。

要求：手绘的拉链头透视合理，异型拉链头结构完整，素描表现有金属质感。

［作业3］练习一个带有装饰物的金属拉链头形态。

要求：手绘的拉链头透视合理，结构完整，装饰物件表现合理，素描表现有金属质感。

［作业4］练习一条完整的拉链链条形态。

要求：手绘的线粗细一致，浓淡一致，透视合理，结构完整，素描表现有质感。

第六节　松紧带造型

松紧带，是鞋类款式设计中不可缺少的部件，主要作用是固定，并且能保存一定余量，非常符合消费需求，在男鞋、女鞋甚至是各式靴鞋的款式中都能看到松紧带的出现。

松紧带材料由橡胶、涤纶、胶水、弹性纤维等组成。

按织造方法不同分为针织松紧带、编织松紧带、机织松紧带。

针织松紧带采用经编衬纬方法织成。经线在勾针或舌针的作用下，套结成编链，纬线衬于各编链之中，把分散的各根编链连接成带，橡胶丝由编链包覆，或由两组纬线夹持。针织松紧带能织出各种小型花纹、彩条和月牙边，质地疏松柔软，原料多数采用锦纶弹力丝。针织松紧带的肌理较之机织更为明显，容易凸显，在鞋类款式设计中，不太具有搭配性，使用相对较少。其造型手法可以参考机织松紧带，在表现松紧带内容的时候，改用粗头铅笔或粗头勾线笔，以上下交错的机械性虚线来表示。

编织松紧带又称锭织松紧带，经线通过锭子围绕橡胶丝按"8"字形轨道编织而成。带身纹路呈"人"字形，带宽一般为0.3～2cm，质地介于机织和针织松紧带之间，花色品种比较单调，多用于服装，鞋类产品中极少应用。按织造方法不同分为针织松紧带、编织松紧带、机织松紧带，机织松紧带由棉或化纤为经、纬纱，与一组橡胶丝按一定规律交织而成。

下面我们以机织松紧带为例进行造型。

任务1：横纹机织松紧带造型

先描绘松紧带的外轮廓线，一般是规整的"U"形或是变形的"U"；在轮廓线上进行针车线的效果造型，针车线的造型步骤和手法在后面介绍。部分款式会在松紧的轮廓线位置做些冲孔设计，需要留出一定宽度的底线。

描画出均匀的针车线，在轮廓线和针车线之间，画上等距离的圆孔。接下来描绘松紧带部分的线条，机织松紧带的造型，是线条的极密集组合呈现，机械性很强，徒手画需要消耗时间，建议利用身边随手可得的工具进行快速表现。

机织松紧带大致上可以分成横纹机织与斜纹机织等两种造型，其实就是线条的走向变化。在找到机织松紧带的变化规律后，就可以借助卡片、短尺、书本杂志等任何边缘相对平滑的物品，进行等距离横行平行线的描绘。在画平行线的时候，因为机织工艺性的特征，需要控制平行线的距离，平行线尽量画得密集紧致。

任务2：竖纹和斜纹机织松紧带造型

竖纹机织松紧带的造型步骤可以参照横纹松紧带。完成大轮廓线造型后，在轮廓线中间，也可以借助工具，以垂直于画面的角度，竖向描画密集的线条。最外沿的松紧轮廓线要持平或略低于鞋口轮廓线；松紧带线条之间的距离以等于或少于一根线条的宽度为宜；线条的浓淡、密度需均匀有序；线条头尾必须紧密衔接于两端；松紧带的立体表现需从整体入手，离开轮廓线1~2mm，单侧表现明暗交界线即可。

斜纹机织松紧带前面的造型步骤和表现技巧与横纹、竖纹机织松紧带造型相似，只需要在松紧带造型时，线条排列改成45°斜线即可。机织松紧带造型见图35。

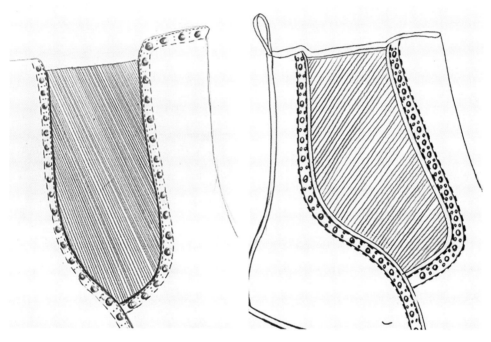

图35　机织松紧带造型

[作业1]练习一个"U"形横纹机织松紧带形态。

[作业2]练习一个"U"形斜纹机织松紧带形态。

要求：以上作业学习借助简单工具进行快速表现，所有平行线段间距要控制均匀。

第四章
鞋类配饰造型

第一节　鞋钻造型

　　鞋钻等饰扣与基本配件相比，本身就是流行元素，加入饰扣的设计，使款式更能体现流行性，是鲜明的时尚标签，鞋钻造型是初学者设计流行款式的必备造型技巧。

　　鞋类款式设计中，小型的鞋钻容易搭配，使用概率更大，是大型鞋钻的数十倍。小的成型烫钻、水钻的直径都在2～3mm，使用笔尖稍微钝一点的铅笔都无法刻画它的轮廓，建议使用削尖的铅笔或自动铅笔；大的水钻直径可达到10～20mm，可以直接用铅笔甚至炭笔刻画。遇到小型烫钻、水钻时，不但要关注其庞大的数量，还要注意描画鞋钻的数个分割面，与帮面其他装饰物相比，可表现的空间极其有限。

　　在鞋类所有的材料中，透明材质并不是最难表现的对象。但鞋钻的分割面在透明材质的影响下，会演变出数倍数量的剖面效果，并在表象上进一步破坏和分裂面的完整性，严重干扰初学者的判断与表现，在一定程度上提升了造型的难度。

　　鞋钻最大的特点是很少单独出现，像水钻、烫钻都是成组、成堆、成面地出现。如果没有清晰地分析过鞋钻的表现手法，初学者看到密密麻麻的鞋钻就容易产生抗拒心理，很难将数量庞大的钻类物体正确清晰地表达出来。而大量鞋钻的出现，也往往是款式造型最精彩的地方，所以如何进行精细的加工以及适当地表现是技术要点。

任务1：单颗水钻造型

　　水钻是鞋类款式设计中最容易采购到以及使用到的普通品种，价格实惠，装饰性强。水钻是指中心为一个点的锥形鞋钻，通过中心点进行均匀的面分割。鞋钻的造型主要由底部、顶部和分割面三个结构组成。

1. 底部造型

　　因为鞋钻的底部是与鞋面紧密衔接的，所以通常建议初学者先画底部造型，以保证款式设计的紧凑性。

　　画出圆形的外轮廓线，全正面俯视画成圆形，部分俯视则可以画成椭圆形。初学者可以选择相对简单的正面俯视角度，而实际鞋面上的水钻镶嵌多以部分俯视角度居多。鞋钻的底部造型无论是正圆形还是椭圆形，都是轴对称图形，可以标出十字坐标辅助线。圆形轮廓线条清晰流畅，采用实线进行造型，边线画实线是为后面的造像做好准备。

2. 顶部造型

在鞋钻底部的中央位置，即十字坐标的垂直线上，根据鞋钻的高度标出钻的顶点位置。在造型过程中，初学者要检查鞋钻顶点与底部两端距离是否相等，切记无论在哪个透视角度，鞋钻顶点到底部两端的距离都应该是相等的。鞋钻顶点的位置应该一直处在十字坐标的垂直线上，但距离的长短会受到透视角度的影响发生变化。鞋钻的底部越正，顶点位置越接近底部的中心，立体效果会越不明显；反之，鞋钻的底部越倾斜，顶点位置越远离底部中心，立体效果会越明显。所以，建议初学者在造型过程中，要学会控制顶点与底部的位置，能更准确地表达出鞋钻的透视关系。

3. 分割面造型

鞋钻的分割面造型细小繁多，在直径2mm的小圆上，要描绘出6～12个甚至更多的分割面，是需要准确的技术支撑的。透明的材质容易干扰设计者对鞋钻剖面的成型判断。初学者在观察鞋钻时，正面俯视能基本分析其分割面的数量和形态。但由于在款式帮面上，鞋钻透视角度不固定，只有极少数量的鞋钻可以进行全正面造型。鞋钻数量多，分割面又多，加上鞋钻本身在款式上摆放的位置不一，呈现的造型角度就有变化。在多种因素的影响下，如何清晰有序地完成鞋钻的大小、形态差异明显的分割面造型也需要进行系统的训练。初学者没有扎实的素描造型基础，是很难驾驭的。

如果不画分割面，鞋钻的结构就无法体现，容易与铆钉、圆珠等小面积的圆形物体混淆。在造型过程中，为了体现鞋钻的立体感，必须掌握物体的造影技术，即使是小小面积的鞋钻也是一样。在一颗颗如此小的鞋钻上如何有效地进行投影的描绘，使其更加立体，就需要初学者掌握一定的鞋钻造型技巧。

选择一侧的分割面，约为总面积的1/3或1/4，加深分割线的浓度，将浓度从分割线上晕染出来，作用到分割面上。在鞋钻的分割面上进行适度的明暗调子的表现，有利于表现分割面的体积感和质感。但由于水钻是透明材质，有一定硬度，其明暗其实是比较难画的。分割面要做一定的浓度处理，又要保持材质特有的亮、透的特征。

所以，每个分割面的浓度都要控制得恰到好处，从分割线到分割面的浓度跨度要明显，在线上看似很重的浓度，到面上应该已经控制得很淡了。每个分割面在上明暗调子的时候都要在边上保留一丝空隙，以表现材质的明亮度。鞋钻上颜色最深的块面，以小三角状态出现，与之对立的面则要保持亮、透、白的特征。水钻的绘制见图36。鞋钻的造型可扫二维码8学习。

图36　水钻的绘制　　　　　　　　　　　　二维码8

任务2：批量水钻造型

在短时间内完成批量水钻的造型是有技术难度的。

1. 底部造型

先画全体水钻的底盘，就是画一个个的圆。不要小看这个动作，在一定意义上，它决定了很多东西。首先，底盘的描绘在第一时间内决定了水钻摆设的位置。因为水钻的数量发生了变化，导致水钻的朝向更加多样化，底盘的形态也由离视线比较近的圆形慢慢演变成离视觉远的椭圆形。通常款式从侧面造型时，鞋背上的水钻底盘均以椭圆形造型为主，当鞋钻离视觉越远、角度越偏时，底部的圆形就越扁。掌握鞋钻底部轮廓线的变化规律，是在短时间内实现大量鞋钻造型的有效手段。

2. 顶部造型

在鞋钻底部轮廓造型的基础上，统一点出水钻的顶部。水钻顶部的一点要严格与底部相对应。圆形的底部，顶点就在正中间；椭圆形的底部，顶点就往上偏移，逐渐脱离底部的范畴，处于底部轮廓线的外面。角度越偏，顶部位置越高，但尽量控制同一平面的顶点的高度。

然后，参考前面单颗鞋钻分割面的造型步骤和造型手法，连接所有顶点到底部的线段，画出分割线，确定分割面，在底部的一侧再画上投影。大批量的精致水钻就能在短时间内栩栩如生地表现出来。

任务3：单颗烫钻造型

烫钻的表现手法类似于水钻，比水钻的形态多了一个平面。

1. 底部造型

参照水钻的造型步骤，先画烫钻的底部外轮廓线，单个烫钻的造型可以直接画一个圆，再画一个小圆或有规律的多边形切面。烫钻面积与小水钻接近，基本上都在2～3mm，初学者也可以刻意将多边形的上层切面简化，以简单的圆来代替。在对一定数量的烫钻同时进行造型时，烫钻的位置也会因为鞋面起伏和摆放位置的不同而产生不同的透视角度。部分侧面或接近侧面的烫钻，即使是多边形，也只能看到一部分，画起来反而更容易出错，直接用圆形代替多边形的顶部分割面是最有效的方法。

2. 顶部造型

下面以顶部是多边形烫钻为例进行造型演示。画圆形底部，再在中央位置描画出顶端的多边形分割面。烫钻的顶端分割面是规则的，在描画之前先看清楚边线。在造型过程中注意分割面位置的匀称性，构成线段的长短、粗细都要基本一致。然后直接在对应的点或面上描绘出烫钻侧体的分割面，通常分割线的交叉点就是侧分割面分割的界点。侧分割面为同等大小的梯形状，边线衔接于底部线段上，见图37。

图37　烫钻的绘制

3. 材质表现

无论是水钻或是烫钻，都是采用玻璃塑料等透明材质加工制作的，在明度、亮度方面都要体现，画明暗调子时要注意对浓度的控制。与水钻稍微不同的地方是烫钻顶层的分割面可以处理成有明暗变化的区域，在某种角度上观察，它的颜色有可能比侧分割面更加浓重。为了保持烫钻的亮度，梯形侧分割面的明暗处理基本上是深浅有交错，迎光面可以是全空白的。

最后，紧挨着烫钻底部，晕染出投影，突显出烫钻的体积感。侧面的分割面多呈30°或45°，随着分割数量的变化而变化。大颗粒烫钻色泽缤纷，繁多的分割面在底部汇聚成型，折射出更多的面，是颗粒钻独有的特色。

任务4：亚克力珠造型

鞋类款式帮面的饰扣除了小型水钻和烫钻，也有部分是亚克力珠。相对于水钻和烫钻，亚克力珠结构分割面较为简单，设计空间更大。

受到工艺的限制，大部分亚克力珠的形态也是呈对称状态，但部分亚克力珠的结构仅为基本对称，没有钻体的严谨度。大部分亚克力珠的中间留有一条清晰的线管，多为亚克力珠本体的对称轴，可以用于穿线。一般放置数颗大颗的亚克力珠在装饰片或装饰带上，单颗直径在2cm以上，造型夸张随意，颜色可以根据设计要求进行设置。部分亚克力珠表面的分割面数量繁多，面积、形态基本为等大均匀切割，少有变化，与亚克力珠本身形态结构没有必然联系；也有部分亚克力珠是没有分割面的，只是遵从本体的造型趣味。

亚克力珠比起小型钻更加精致华美，在描画亚克力珠时，注意珠的底部轮廓线呈基本对称状，可以保留一定的手绘效果。顶端边线状态与底部有一定的联系，线管多是直线状态，管的宽度是固定的。亚克力珠由于形体多变，且大小不一，以单个呈现较多。需注意其材质特征的表现，亚克力的材料是半透明的，在造型过程中，需要强调它的厚度体积，明暗交界线的位置很重要。表现明暗时，注意保留大量高光部位，线条尽可能细腻，笔尖略带摩擦效果会更好。亚克力珠的绘制见图38。

图38 亚克力珠的绘制

[作业1] 练习一组水钻的造型形态并上色。

要求：准确表现出水钻的基本结构，透视准确，色彩表现合理。

[作业2] 练习一组烫钻的造型形态并上色。

要求：准确表现出烫钻的基本结构，透视准确，色彩表现合理。

[作业3] 练习一组亚克力珠的造型形态并上色。

要求：准确表现出亚克力珠的基本结构，透视准确，色彩表现合理。

第二节　铆钉造型

鞋类造型中，铆钉是男女鞋各款式设计中常用的流行元素，精确的铆钉表现手法可以营造出精致立体的画面感，在表现朋克、摇滚风格时有独特的味道。

传统款式在镶嵌铆钉时，铆钉安装在鞋外侧或是鞋头等相对安全的部位。但近年来，铆钉元素的设计似乎突破了界限，可以出现在款式帮面的任何一个角落，前帮、中帮、后帮都可以镶上各种铆钉作为装饰。铆钉位置的多样化也为造型带来了前所未有的难度，如何在鞋面上对不同方向的铆钉进行整齐有效的造型成为初学者的难题。

铆钉的形态和长度也达到了前所未有的设计形态，有圆有方，有细有长，有粗有短，有的铆钉长度超过50mm，而有的铆钉则只有5mm大小。在这个阶段的训练中，不仅要分析铆钉的形态，实践它们的材质特征，还要实践不同形态铆钉在不同部位呈现的不同造型。

铆钉可分为圆铆钉、尖铆钉、方铆钉、长条铆钉以及各种花式铆钉，还有专门为童鞋设计的安全性平头铆钉。铆钉的材质有金属、塑料、有机玻璃等；铆钉的颜色也可以随着工艺的要求进行加工，有金色、银色、黑色以及各种根据款式设计定制的彩色。流行铆钉中也有和其他材质混合使用的款式，如金属材质包裹着玻璃的铆钉等。鞋钉的形状各种各样，造型重点在于其立体感的表现和整体重量感的表现，归纳起来就是密集型半浮雕效果的完整表现形态。

任务1：圆铆钉造型

圆铆钉的造型的关键在于其体积感的表现，是区别于造型扁平的圆圈或镂空的圆圈的重要识别。

1. 底部造型

短时间内塑造单颗圆铆钉形态的方式为，先画底部的轮廓线，采用俯视角度画圆形底部。与鞋钻底部造型原理一样，铆钉的底部摆放角度随着鞋面的变化而变化。最接近眼睛的铆钉，透视角度比较正，铆钉的顶端会靠近底部的中心，也是整体立体效果最弱的角度。大多铆钉可以表现为略带俯视的角度。底部是大半个椭圆形的圆圈，可以在十字坐标辅助线上造型，确保底部轮廓的对称性；部分靠近款式内侧的铆钉，可以只画半截曲线，直接描画铆钉的上面部分。

2. 形体造型

圆铆钉表现其在鞋帮上的立体块，多为规则半球形或扁圆形，石膏球体的表现方法最为适用。在半球体的下侧涂上蚕豆形的暗部，调子稍微往球体两侧带，以极简单的手法制造出圆铆钉的立体感。但在鞋面上，圆铆钉成片出现的时候，分配到每一颗铆钉上的造型时间就非常有限。在与圆圈对应的方向画上一段均匀的圆弧与之衔接。也可以画好后，直接空出1~2mm再画一条更简短的底部轮廓线，擦上几笔作为明暗。或是在底部轮廓线上，擦出一个小暗点，经过这个点画圈圈，注意明暗交界线要靠近球中央，制造铆钉的体积感，以示与珠片的表现方法区分开来。在其轮廓线下侧，也可以涂出些许的暗部阴影，将圆铆钉的整体造型凸显出来。而整片区域描绘铆钉时，就可以参照上面的画法，先圈出所有铆钉的底部，再刻画出明暗交界线，最后统一擦亮。圆铆钉造型见图39，可扫二维码9学习。

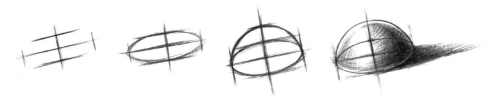

图39　圆铆钉造型

二维码9

任务2：尖铆钉造型

现代鞋类款式设计手法已经完全突破了区域的限制，在鞋款帮面的各个角落都设计有各种尖锐的铆钉，部分国际大品牌鞋已经将铆钉元素引至鞋后跟的造型上。

1. 底部造型

尖铆钉的造型也是先画铆钉底部的圆形轮廓线，然后根据尖铆钉的朝向确定最尖端的位置。为了避免全正面俯视图（是尖铆钉的立体感最难表现的角度），建议初学者在造型过程中，人为地将尖铆钉的角度稍微调整一下，略靠前或略侧面，在不改变其构造的同时，塑造比较容易表现的角度。先画铆钉下面的圆柱结构，按照素描圆柱的造型手法，标出十字坐标定位线，画出上下两个圆面，再画出柱体两条边线。

2. 形体造型

延伸底部的垂直中心线，在垂直中心线上标出铆钉实际高度。尖铆钉的上半截造型主要包括尖锥形体、铅笔状的尖锥与圆柱的结合体。尖锥形体需过顶点直接向两侧描画等腰线段；铅笔状的尖锥与圆柱的结合体则需要先描画椎体，在椎体两端描画平行线，完成圆柱体的造型。尖铆钉尖角的位置确定好后，以圆锥的形态进行表现和明暗加工，描画铆钉的边线。在铆钉一侧约占总面积1/3的地方擦出一条明暗交界线，将其进行晕染。尖铆钉的形态特征决定了明暗交界线的形态也呈三角形，接近顶部的位置呈收缩状。

同样，也可以在其轮廓线下侧涂出些许的暗部阴影加强立体感。尖铆钉造型见图40。

图40　尖铆钉造型图

任务3：方铆钉造型

有些设计者认为方铆钉的造型难度大于前面两组铆钉，掌握其造型规律就能降低难度。

1. 底部造型

方铆钉的造型速度可能比圆铆钉要慢一些，因为底部不能一笔画出来。但整组刻画时，也可以分解成先画出规整的底部边线，比如上下两条平行线，然后再完成左右两条平行线。统一规划的好处在于对铆钉的镶嵌的快速定位，确定每一颗铆钉的最高点位置。以最高点为中心连接底部的四个角，画出完整的方铆钉的造型。

2. 形体造型

初学者要留意方铆钉尖角位置，它会随着鞋楦轮廓的转动而发生改变。但为了造型的统一和美观考虑，需要对铆钉的造型做出一定的调整，使其视觉效果更舒服。方铆钉的外轮廓线和面的分割线都画好以后，用铅笔标出明暗交界线，涂开即可。方铆钉的材质多为亚光面的金属，不宜做过多的明暗处理，在能看到的分割面中挑一两个面略微处理下就可以。其他形状的鞋钉表现方法可参考金属扣的绘制方法。

铆钉的单独个体表现并不具有很高的技术难点，但技术的盲点在于成片大区域的处理。初学者可能会觉得按照款式实物对象一模一样地表现它肯定是最正确的，其实不然。成片铆钉表现的技巧在于，同一排铆钉的中点可以连成线，中点连线与款式的轮廓线持平行状态。实物款式由于摆放角度的问题，会有一些散点透视，但在效果图表现中所有铆钉应该都经过梳理，其间距保持一致。相对复杂的铆钉如牛角铆钉的造型重点在角的方向的体现上，实物鞋上的铆钉由于楦体本身线条起伏，铆钉的方向并不像想象中整齐，需要表现时进行协调处理，让整个画面看起来更符合视觉享受。方铆钉造型见图41。

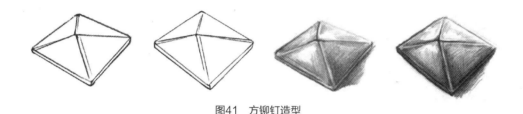

图41　方铆钉造型

[作业1] 练习一组圆形铆钉的造型形态。

[作业2] 练习一组尖形铆钉的造型形态。

[作业3] 练习一组方形铆钉的造型形态。

[作业4] 练习一组五角星形铆钉的造型形态。

要求：以上作业要准确表现出铆钉的基本结构，透视准确。

第三节　鞋花造型

鞋花指的是用于女鞋上的一种类似于花朵形状的装饰品，它的材质一般有真皮、雪纺、网纱、无纺布、麻布、亚克力、ABS等。鞋花一般用在凉鞋、单鞋、靴子的帮面或帮带上。鞋花的造型变化多样，在鞋类的帮面款式中是比较常见的装饰品之一。

任务1：金属鞋花造型

金属鞋花主要采用金属材质制作而成，造型特点是形态多变、质地硬朗。

1. 轮廓造型

在花瓣形金属鞋花的造型训练中，造型的步骤按照设计者个人的喜好进行。初学者建议选择面积从大到小的部位进行定位，再根据从上到下、从左到右的顺序完成造型。当然，个别设计者喜欢从物体的中心开始塑造也是可以考虑的。这组金属鞋花的造型难点在于不同材质的表现手法。

金属底部的面积最大，造型难度相对来说也是最小的，建议对整个鞋花完成定位后，先画花瓣外轮廓线，金属部件的特点在于其模具的对称性。然后可以画一圈的花瓣，先画圆圈，再上明暗。一口气完成鞋珠的造型后，按照水钻的造型方法完成中心部位的塑造。然后在鞋珠和花瓣的间隙加上绒毛装饰。仔细观察后发现，此款绒毛属于色泽较浅的短绒毛，建议用短线条，以比较碎且比较随意的表现方式，错落地画出每一组三角形的形态。

完成鞋花轮廓线造型后，利用明暗的表现来体现鞋花不同材质的特点，加大材质之间的差异，制造出不同材质的碰撞产生的美感。如鞋花的花瓣，由于是金属材质，对光线尤其敏感，固有色彩由于受到光照的影响，发生奇妙的变化。花瓣形态在边缘有一个小的外翻结构，光线这个地带产生了奇妙的变化，分成了两个区域的光影。不同的光影在金属材质的花瓣上流连，形成美丽的光晕。加深每组绒毛的底部明暗，用来反衬绒毛的颜色。鞋珠的底部也进行了强化处理，暗部的投影作用在绒毛上，凸显了绒毛的厚度。金属特有的硬朗质地在绒毛材质的衬托下，形成巨大的反差，将中间花蕾部分的鞋珠和水钻的小精致显得更加形象。

也可以先用铅笔画出鞋花结构中大部件的辅助线，如鞋花花瓣形态的高度、宽度等；再确定中间部位的镶嵌结构的大致位置；描画中心的鞋钻结构，画个圆形确定鞋钻的位置和面积；在鞋钻的四周画上面积相当的小圆，表示镶嵌的鞋珠的基本造型。

然后，认真勾勒出鞋花各部位的结构线。先勾勒外围花瓣的结构，花瓣是金属材质的，线条的表现一定要流畅，金属材质的鞋花轮廓塑造要保持完整，不能有松、虚等不确定的处理手法。花瓣裸露的两个角也要做较大处理，以符合鞋花的工艺制作流程。但由于金属质地的鞋花在造型上缺乏灵动性，难以调动女性消费需求，通常在设计上与毛皮、鞋珠、水钻等不同质地的混合搭配，将女性刚济并柔的特点表现得淋漓尽致。

2. 体积表现

建议初学者从最中心的鞋钻入手，参考鞋钻的体积表现手法，描画出鞋钻的顶点和分割面，进行明暗处理；然后以球体的表现手法，或参考鞋珠的体积表现手法，刻画圆的明暗交界线，单方向往外晕涂，进行明暗处理；之后，是毛皮的体积表现，明暗交界线以丝毛的形式描画，逆光方向略微添加部分细毛，做出毛皮效果；最后，描画外围的金属花瓣造型，在凹造型的地方捕捉明暗线，以中间浓两边淡的线条表现为宜，描画出大花瓣的体积效果。金属鞋花的绘制见图42。

图42 金属鞋花的绘制

任务2：绸缎鞋花造型

比起金属类鞋花，用柔软的绸缎、棉布制作的鞋花在造型表现上趋向复杂性。

1. 轮廓造型

首先要画准轮廓线。绸缎类鞋花由于材质的关系，轮廓边线会有多重线条，这些褶皱并没有固定的宽度和厚度，在视觉上产生很多线条的穿插关系，容易使初学者难以判断，无从下笔。具有良好光泽感的绸缎面料，都对光线有一定的反射功能。因此它们具有柔和的光泽，但这种光泽感明显区别于皮革面料。

表现绸缎的质感，从表现其柔和的光泽入手是非常必要的。主要是在描绘其光泽时，不要使明暗反差太大，闪光部分避免画得生硬。可采用湿画法，要在第一遍颜色未干时，画上阴影部分，使其能够自然地渗透，产生柔和的效果。柔软形态的鞋花造型的第一步是仔细分析用布、绸缎等柔软材料制作的鞋花形态，观察鞋花的工艺制作方法，找出花瓣分组分层的规律。在外轮廓线的造型过程中，抓住大的曲度变化，细小的褶皱可以忽略不计。通过对绸缎类软质鞋花形态的概括，最终表现出来的鞋花轮廓线是提炼过的，形态符合原物的造型结构，而线条高度干净和统一。

2. 体积表现

第二步是鞋花多层次的表现。柔软鞋花造型中蕴含面的分割、线的密集、颜色和形态的相互影响。例如层叠使鞋花的面与面之间产生了前后的空间感，不规则的纹理褶皱会给初学者带来一定视觉判断上的干扰。软质鞋花通常是由一个中心点缠绕出来，有点与线的延伸关系。在描绘中抓住这一点，鞋花的组织就不会乱。其次是褶皱的处理，软质鞋花由于材质的关系，数量密集的褶皱之间的间距和形态差异，都会影响初学者的注意力。细小的褶皱在造型过程中会被熟练的设计师忽略，直接截取最主要的褶皱线，并且将这些褶皱线梳理整齐。为了加强鞋花造型的整体感，在此类材质的鞋花造型过程中，注意每一层花瓣的周边都描绘上阴影，用来烘托上面花瓣的立体造型。绘制的重点在于要仔细观察材质，认真分清层次，描绘出的明暗调子有一定的跳跃感，在造型过程中必须要有一定的艺术处理。绸缎鞋花的绘制见图43。

图43　绸缎鞋花的绘制

任务3：布艺鞋花造型

先确定鞋花的花蕊位置，用铅笔快速描画出花蕊的大致形态；再描画花瓣的形态。

在布艺鞋花的制作过程中，还需要用线进行固定，因此花瓣轮廓线必然有缝合线的造型痕迹，缝合线的造型多为细的虚线或是粗的手缝线，其形态上明显区别于软质鞋花的轮廓线，可以增强画面的节奏感。布艺鞋花的绘制见图44。

图44　布艺鞋花的绘制

任务4：镶嵌鞋花造型

镶嵌了金属部件的装饰件，金属的坚硬感和鞋花的柔软感产生巨大的反差，也能产生美感。在描绘此类混合材质的鞋花造型时，建议先进行轮廓的定位，确定软质鞋花的外轮廓线和中心金属部件的造型。轮廓线的深度描绘建议从核心金属部件的固定饰扣部分入手，仔细画出饰扣的轮廓线，做出明暗的深度效果，再描画鞋花底部的花纹和褶皱，见图45。核心饰扣的金属与软质鞋花质感的反差，将成为款式设计中最亮丽的一道风景线。

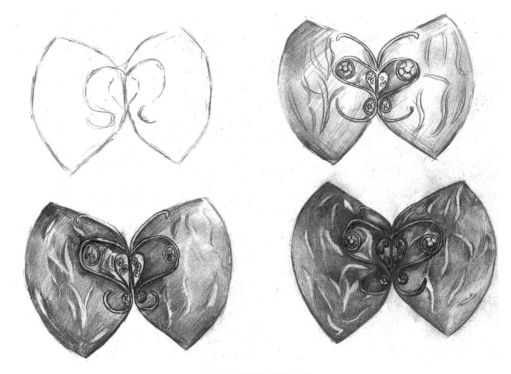

图45　镶嵌鞋花的绘制

[作业1] 练习一个金属鞋花的造型形态。

要求: 准确表现金属鞋花的基本结构、透视准确、金属质感。

[作业2] 练习一个绸缎鞋花的造型形态。

要求: 准确表现绸缎鞋花的基本结构、透视准确、绸缎质感。

[作业3] 练习一个布艺鞋花的造型形态。

要求: 准确表现布艺鞋花的基本结构、透视准确、布面质感。

[作业4] 练习一个镶嵌鞋花的造型形态。

要求: 准确表现镶嵌鞋花的基本结构、透视准确、综合质感。

第四节　流苏造型

　　流苏在近年来是非常流行的设计元素，在鞋靴、箱包、服装设计中经常应用。流苏本体结构相对复杂，初学者对流苏的造型比较陌生，在形体上比较难以把握，练习初期，建议寻找体型比较大的。流苏分为平面流苏和立体流苏两种。平面流苏在男英伦式皮鞋的脚背部位和中性设计的女鞋造型中出现比较多；立体流苏在女鞋设计中出现比较多，也有在男绅士鞋的若干款式中出现。

任务1：平面流苏造型

平面流苏的造型重点是流苏起始的位置，也是其在鞋帮面缝合的部位以及流苏尾端，即其造型结束的位置。平面流苏的起端口多为平形造型，鞋类款式设计中常另裁一块面料缝制于帮面，将下端裁成条状做平面流苏设计；有的直接加长鞋舌，翻转出来，露出绒面材质，前端以针车线、手缝线或细装饰带固定，尾端裁剪成流苏状。传统鞋类设计中，通常在男鞋款式造型上流苏的宽度较女鞋更宽一些，但现代款式中，也有反其道而行之的设计。流苏条是平面流苏的主要造型结构，以若干条状成组的形态出现，尾端形态以平形或尖角形状为主。

在造型时，先画流苏的起始位置，线段平行于鞋舌线。再描画流苏的宽度，以鞋舌的宽度为参考，根据实际需要进行设计，流苏形态均匀的，其本身的宽度略窄于鞋舌；尾端呈扇形的，则可以宽于鞋舌。部分平面流苏条尾部呈燕尾状散开，可根据款式做具体调整。流苏尾端是平行的，可以直接画一条平行于鞋舌或流苏起始线段的线条，在中间做出狭长的三角剪口，分割出流苏的条状形态。流苏条带宽度不一，流苏条的粗细可以塑造成统一的宽度，也可以根据近大远小的透视原理，稍做调整。流苏尾端的剪口呈三角状时，也根据前面的步骤，先分割出条状流苏，在尾端中线上裁出对称的三角形态。以真皮制作的流苏均以毛边展示，在呈现中可以强调流苏条的厚度。平面流苏造型见图46。

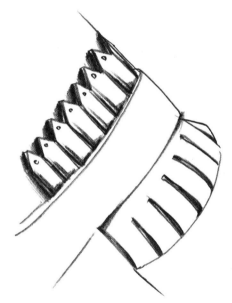

图46 平面流苏造型

任务2：立体流苏造型

以圆流苏为例，成型的关键是包裹流苏条的桶状部位。桶状部位用圆柱的原理来表现，但要考虑到是一层层包裹的，所以可以刻画出环线，也可以特别强调结束部位的厚度，见图47。立体流苏条看起来好像是很多根流苏条被包裹在一起的，初学者很难分辨流苏条的造型方向。

其实追溯到工艺制作上，立体流苏条是由一整块皮打剪口后卷起来的，所以其裸露在外面的条状都是同一个面的、均匀的形状。可以先画一个上小下大的圆柱体，然后在柱体上画出条状的形态。
流苏条的底盘是圆形的面，
类似于圆锥的底面，表现角
度可以参照桶状的截面。

[作业1]练习一个平面流苏
的造型形态。

[作业2]练习一个立体圆流
苏的造型形态。

要求：以上作业要准确表现
流苏的基本结构、透视准确。

图47　圆流苏造型

第五节　链条造型

　　链条的造型难度不亚于铆钉，链条的结构是立体的，造型难度较大，更重要的是连环扣的形式造就了一系列的穿插衔接，形成了造型难点。在不到5mm直径的铁环中间形成有序的头尾连接，而且在单位链条数量比较多的情况下，对初学者本身就是一个非常大的挑战。造型之初，要仔细研究链条的结构特点。链条结构中的一个个铁环就像微缩版的素面鞋扣的外在形态结构，环的轮廓线条必须要坚挺圆润、厚实饱满。环与环的衔接之处，必须穿插准确，一个环在另一个环之前或之后的位置都要符合环本身的造型特点，见图48。

图48　链条造型

建议初学者从链条的写生入手，熟悉链条的结构。在写生中，链条呈现的自然状态通常是有扭动的，链条的衔接在受到重力或人为等因素的影响时，链条之间会发生角度的变化。虽然这种角度变化是有规律的，但会增加造型的难度，况且链条本身扭转的角度变化与设计本身无关，需要设计师去概括提炼。

在造型过程中，先从最左边或最右边单侧的某一个链条上的环开始画，画好单个环再画紧挨着的另一个环。第一个环和第二个环成垂直角度造型，然后画第三个环，这样一个接着一个完成穿插，就不容易画错。在画环的过程中，注意环的粗细一定是均匀统一的，每一个被前面扣挡住的部位也是一致的。环棱角的弧度要处理得比较大，无论是方铁环还是圆铁环，角的造型都是偏圆的。由于链条是由诸多个环连接而成的，有一定的长度，会产生透视的角度。初学者可能会留意环的近大远小，但经验丰富的设计师就会简单化处理，将每个环的形态都画成一样的。在鞋类款式的效果图设计中，细小的局部造型将被适当地放大，而大面积的部件反而被适当地缩小，这是造型的原则，也是表现形态的处理技巧。

在男靴款式设计中，偶尔出现链条的造型短而宽，链条设计的位置有讲究，脚背和鞋头型部位一般不放置链条，其重量和结构可能会影响鞋的穿着。女凉鞋款式上的链条细而长，在造型过程中更见功力。部分女凉鞋在细链条上镶嵌各种装饰物，如珍珠、水钻等，造型顺序也是先链条，然后再画与其位置形成穿插关系的物件的形态。

[作业1] 练习一个细圆链条的造型形态。
[作业2] 练习一个粗圆链条的造型形态。
[作业3] 练习一个细方链条的造型形态。

要求：以上作业要准确表现链条的基本结构、透视准确。

第六节 装饰扣造型

装饰扣的造型领域，除了素面和镶嵌类的装饰扣以外，还有最近非常流行的装饰鞋扣，如骷髅头饰品类鞋扣。此类鞋扣并不在基础训练的练习范畴内，因为鞋扣的造型相对复杂，有具体的刻画对象，加上两种以上材质的对撞，都需要扎实的造型基础，但此类鞋扣可以作为基础训练的跟进版。鞋扣造型的独特性，使其区别于鞋皮质帮面和胶质鞋底跟的质地，呈现出特殊的质感，在鞋类效果图里处于画龙点睛的地位。

下面以金属鞋扣骷髅头为例，对鞋扣的造型过程进行分解。此款造型有质地的表现，在造型过程中，需要对材质进行下意识的分割处理。

①对骷髅头的形态进行定位，再对长度和宽度进行定位，确定整体位置的分布。

②从骷髅头部的中心开始描绘轮廓线。有机玻璃钻体与金属材质包裹的临界线是刻画的重点，必须有意识地加浓临界线，在两种材料结合的地方进行线条的加深处理，以示区别。先描绘骷髅头上五官部位的线条，眼眶、牙齿部位的厚度线和立体线可以分开表现，加强厚度感，以区别钻体平整光滑的质感。钻体的描绘手法参照水钻、烫钻的画法，面的分割线要细、要肯定。

③表现金属质感。金属部分重点是质地的刻画，将小的牙齿规整地刻画清晰是造型的关键。把有厚度的部位进行分组，归纳其长短粗细的造型特点，刻画每组部位厚度的最外沿的轮廓线和厚度线，再将每一组部位里面的每一片区域刻画清楚。其中，五官部位由于面积较小，精致刻画是造型的难点。骷髅头造型见图49。

图49 骷髅头造型

其实，金属材质的造型有极其明显的规律，线条的粗细和线条的朝向的模板都是严格统一的，只要观察到其设计特点，刻画就会显得比较简单一些。

[**作业1**] 练习一个动物装饰扣的造型形态。

[**作业2**] 练习一个生活物件装饰扣的造型形态。

[**作业3**] 练习一个人物装饰扣的造型形态。

[**作业4**] 练习一个花卉装饰扣的造型形态。

要求：以上作业要准确表现饰扣的基本结构、符合工艺制作要求、透视准确。

第五章
鞋类工艺造型

第一节　针车线造型

针车线的造型指的是通过对用针车缝合鞋、包时所展现出来的线条形态进行造型。在工艺基础课程里，初学者通常是通过缝直线开始对针车线的练习。

造型要点：每一针的线段，最好都要有一个回笔的动作。回笔是指笔在完成线段的长度到达尾端时，不要马上收笔，要画回来一点，使线段的两端都是一样粗细，不会产生一头粗一头细的形态。

任务：针车线的造型

针车线的造型中，也是从单条的线迹练习开始。在轮廓线的内侧，以平行于轮廓线的形式，用虚线描画出针车的痕迹。以A4规格的纸张为例，造型中虚线的长度保持在4～5mm，与实际的针车数据比较接近，也可以适当地画长一些，以增加视觉上的效果。

对两行缝线进行造型时，可以按照习惯先完成靠左的单条线段的造型，然后一段一段地对应着左边的线画右边的线。初学者可能认为没有必要这么麻烦，但实际上这种画法也来自于车两道平行线时的形态。车更多道线也是这样，描画右边的线时要对齐左边的线。因为在针车线造型动作中，有回笔这个动作作为缓冲，每一段线段之间的间距都要非常匀称，线段的长度和浓度始终保持一致，才能够体现鞋子的工艺美。整齐的针车线造型完成后，对画面会起到意想不到的修饰作用，整体画面会更加严谨，反之则会使画面涣散。针车线是鞋子的主要制作工艺和表现手段，线的长短、间距在平面的空间表现上需要有一个合理的安排。针车线造型见图50，虚线的造型可扫二维码10学习。

除了平行线，现在很多针车也能做出各种形式的缝线，有三角形的也有交叉的，造型的规律和方法与描绘平行线的手法基本相同。

以拼缝线为例，线段的走势呈现"Z"字形，比平缝的线段变化更明显。建议初学者先用直尺等工具轻轻在针车线的位置画上两道直线确定拼缝的宽度；手绘线段的单位长度以转折前的长度为宜；"Z"字形的衔接宽度和长度要靠手腕去控制，细节部位最显功力。

[作业1] 练习一个辅助针车线段的造型形态。

要求：利用曲线板打底，徒手描绘虚线线段，体会虚线的转折变化。

[作业2] 练习一个鞋类产品装饰线的局部造型形态。

要求：徒手描绘虚线装饰线段，体会虚线在具体款式上的转折变化。

图50　针车线造型

二维码10

第二节　手缝线造型

手缝线的造型，在线的范畴里面，算是中等难度的，其表现技法与针车线有异曲同工之妙，但形态变化更加丰富。

任务1：细手缝线造型

手缝线的造型关键是线的宽度表达。鞋类产品设计与制作中，用得较多的是普通手缝线，略粗于针车线，造型时以两条呈平行状态的弧度线段表示一节手缝线段的长度，用以区别单线表示的针车线形态。普通手缝线宽度部位以弧度线段封口，注意弧线弯曲的方向应该一致，表示线段穿插的方向是统一的。手缝线的出现，不可能只有寥寥几针，具有一定的数量和行走方向，为了提高造型速度，在造型过程中可以根据整体手缝线条的行走方向，先描画出所有的表示长度的线段，再同时描画出表示宽度的线段，此类画法也能够使线条造型本身的粗细、浓淡更加接近。

任务2：粗手缝线造型

特制的加粗手缝线或者皮条做的手缝线，造型时线段呈方形。同样先以两条基本平行的弧度线段表示手缝线的长度，考虑到此类手缝线前后位置多有切口，切口部位的形态呈现小段直线状态，所以手缝线的宽度部位可以尝试以直线封口。如果有一头线段在鞋靴产品的内侧，内侧线段呈1/4圆弧状态，表示手缝线的转折形态，外侧一边的线段也以直线结束。设计者也可以将切口画得略宽于手缝线，但考虑到产品的真实工艺造型，要适当控制切口的宽度，做到基本等同或略大于手缝线宽度。注意每一节线段的头尾都要根据款式工艺的要求，沿帮面边线描绘，每一处的手缝线与手缝线之间、手缝线与帮面之间的距离都是相等的。在造型过程中，尽量保证每一处手缝线的造型形态都是相同的，然后重复造型，直至线段的完成。手缝线造型见图51。

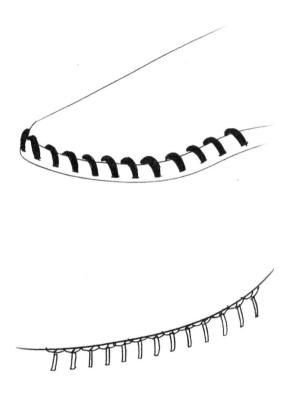

图51　手缝线造型（一）

　　在对"V"形、"N"形或"M"形有穿插形成规则形态的手缝线造型时，需要将其打断，均匀地组合线段，线段的形态由两笔带弧度的月牙形线段组成。线段的长度拉长为普通针车线段的两倍或以上，宽度根据造型者的手感自行控制，也能画出手绘性极强的效果。在造型过程中，单位线段的大小、形态、朝向必须保持一致，线迹造型也要严格按照轮廓线的曲度，与之保持等距离的宽度，线段之间的间距也要保持一致，才能在画面上形成整齐的美感，见图52。

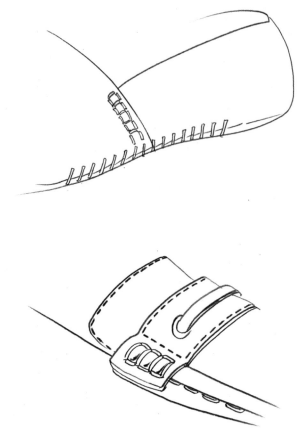

图52　手缝线造型（二）

　　帮面上如果有宽度大的手缝装饰线，在造型中要增加厚度线，甚至可以进行明暗调子的处理，其表现手法基本与扁状鞋带相同，刻画出一侧的明暗调子即可。有与鞋眼发生穿插关系的，也要清晰交代鞋眼位置和手缝线的起始位置，尽量使其融入画面的整体造型中。当现实中的手缝线看似不好表现时，也可以主观地夸大其外形特征，以更好地表现画面的效果。

[作业1] 练习一个辅助手缝线段的造型形态。
要求：利用曲线板打底，徒手描绘手缝线线段，体会手缝线的转折变化。

[作业2] 练习一个鞋类产品手缝装饰线的局部造型形态。
要求：徒手描绘手缝装饰线段，体会虚线在具体款式上的转折变化。

第三节 冲孔造型

冲孔工艺，是指用制鞋专用工具花冲钻（俗称"冲子"）在帮面上冲眼孔，它不仅仅是造型装饰的一种手法，还能增加鞋类透气等实用功能。冲孔工艺在男女凉鞋的款式设计中出现频率比较多，在现代前卫款式的女靴设计上也有出现。孔通常是大面积地出现，孔数量多，会使鞋的通风换气更畅通。

任务1：单个孔的造型

冲孔工艺（凿眼）中，圆形孔是最常见的，除此之外还有心形孔、水滴形孔、三角形孔、五角形孔等造型各异的异形孔。初学者常见的造型手法是，依照孔的形态勾画出对应的轮廓线，在冲出的孔里面涂上黑色，以表示是一个独立的孔。其实，这种画法并不是理想的造型方法。涂黑的孔在画面上显得突兀，在涂的过程中也容易破坏孔的形态，很可能成为画面的败笔。将孔涂黑的造型手法在视觉上容易和镶嵌、粘贴等工艺产生混淆，也不符合款式的基本造型规律。初学者通过仔细观察，应该适当地简化和概括孔的排列，以求达到美观明确的目的。在对单个孔进行刻画的时候，需要遵循线段的造型技巧，光滑流畅，没有明显的接口。外轮廓的描画完成后，在轮廓的一边内侧画上一条厚度线，孔的痕迹就表现得很明白了。四边形的孔在描画内侧厚度线的时候，处理手法稍微复杂一些，同时刻画出平行于外轮廓线的每一条线段，并拉出内边的转折线，注意规则孔的形态对称，见图53。

图53　单个孔的造型

任务2：片区孔的造型

鞋类款式设计中的孔是有规则的，凉鞋上的孔都是事先设计好以后下刀模直接冲出来的。在造型时，要注意孔的呈现状态并不全都是正面的，在表现孔的角度时惯用45°的倾斜角度。实物形态中，由于角度的倾斜，孔内壁的厚度线可能就没那么明显，也可能会消失不见。但在对片孔的形态进行造型时，不仅要注意形态的倾斜，并且一定要把内壁的厚度线一丝不差地表现出来，才能明确这是镂空的孔。片区孔造型见图54。

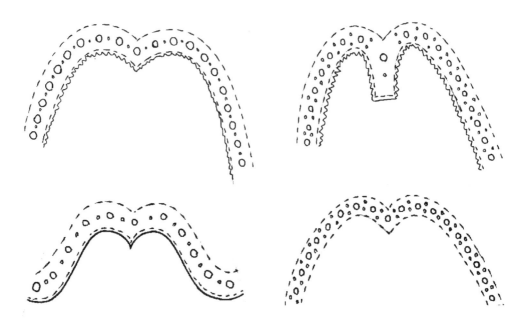

图54　片区冲孔造型

　　单列孔的设计中，设计者都会选用同一种孔的形态来表示。但在片孔的造型中，各种孔的形态都有可能出现，初学者必须观察其造型规律，并掌握其中变化的次序。如圆形孔和方形孔的组合，要确定是单个圆孔和单个方孔的穿插还是一组圆孔和一组方孔的穿插，或是列的穿插。初学者在刻画的时候，可以参照素描整体起稿的方式，先画上中心线定位，然后在中心线上描画相同形状的孔，将其他形状的孔的位置预先空出来。同一种形态的孔造型完毕后，再接着画另一种相同形状的孔，这样分步骤描画有助于提升速度，保证相同孔的造型质量。

　　鞋类款式设计中鞋面是孔最密集的区域，各种形态的孔都整体排列在同一面上。大面积的孔会集中在区域的中央，而形态偏小、造型简单的孔则更多地分布在四周。孔的大小形态遵循近大远小的透视规律来表现，对于初学者，也可以保持孔的大小一样。鞋两侧的孔要比鞋面上的孔大，形态上也更多变一些，月牙形或海星状的孔都安排在鞋侧面居多，但数量偏少。在表示侧面孔的形态时，可以以完全正面的角度进行刻画，符合视觉的透视规律。

　　造型过程中，所有的孔都不能太接近边线，帮面分割线后面都要保留折边的宽度，在折边的范围内是不允许冲孔的，且后跟片上不宜进行冲孔设计。初学者在临摹造型各种不同形态的孔的造型过程中，其实也在积累孔的相关设计经验。

[作业1] 练习一组圆形孔的造型形态。

[作业2] 练习一组椭圆形孔的造型形态。

[作业3] 练习一组心形孔的造型形态。

[作业4] 练习一组四边形孔的造型形态。

[作业5] 练习一组水滴形孔的造型形态。

[作业6] 练习一组包含多种孔的造型形态。

要求：以上作业要徒手描绘，孔的线条粗细一致、浓淡一致、大小一致，有恰当的厚度体现。

第四节　起埂造型

围盖式鞋和袋鼠鞋等，起埂工艺设计的出现比较频繁。起埂的表现手法包括了对埂的形态造型、手工缝线与埂衔接带来的形态造型以及埂的内侧部位转折变化，这给初学者带来一定的困难。

起埂是一种特殊的工艺表现形态，从外观上区分有边裸露在外面的起毛埂和边隐藏在鞋里的起内埂；从形态上划分有立体起埂和平起埂两种。

任务1：平埂的造型

平埂是指在鞋盖边缘的缝合出现了埂的具体造型，但鞋耳或围圈的边缘直接向内折边，埂是平板的，并没有立体的造型。此类平埂的表现手法是勾勒出缝合的边缘线，以实线为主，在帮部件线迹消失的两端，画出皮料的厚度线以表示断口位置；在离开埂边缘2~3mm的地方，画上数道针车缝线，表示内折边。如平埂的边缘还有起皱的工艺设计，则在描绘平埂边缘时，以圆形弧度线段为主，在圆口的两边向鞋底面画出两道外扩的射线，在线段的上方画上两道手缝线，线段的形态略带弧度以表示边缘起皱的平埂造型，见图55。

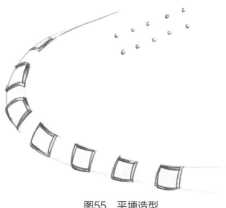

图55　平埂造型

任务2：立体埂造型

立体埂造型难度比较大，造型的难点在于埂的高度体现以及埂向内侧旋转时的线段刻画。由于埂是立体的形态，要有高度的体现，但由于埂本身的体积细小，高度数据也有限，在画面上如何有效表示其造型特点成为塑造的难题。

先依着鞋盖的边缘位置画出两道平行、粗细和浓度都一致的弧线，弧线消失在鞋的内侧。两道弧度线段在向鞋内侧转折的时候，先收敛交接在一个点上，形成一个小尖角；然后由交点继续延伸线段，交接于鞋盖内侧鞋耳上；在线段的下侧描画平行的弧度线，代表柱型埂的两条平行线段在鞋外侧延伸，在内侧交汇再延伸。在埂的下方描绘出均匀的手缝线段，手缝线段造型的规律与埂的轮廓形态特征一样，在线段的转折处结束，然后在埂内侧的下方线段上，将手缝线的形态直接描画出来。

周边起皱则参考平埂起皱的造型手法。有些柱型埂的手缝线段表现手法不一，呈"U"字形，建议直接在表示埂的平行线段上垂直描画对称的两段米粒状的竖向线，线段中间重合于下侧线迹，再描绘一颗横向米粒状线段；然后在米粒线段的两侧向鞋底方向轻轻描画放射形态的线条即可。清晰地描绘埂的转折处，其实有三条线是立体起埂的造型技巧，之上的手缝线可以尽量画得随意些，以柔化鞋款本身实线带来的强硬感。立体埂造型见图56。

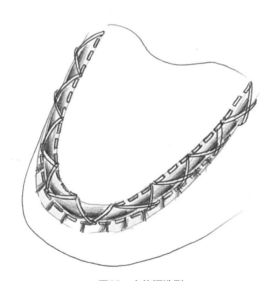

图56 立体埂造型

[作业1] 练习一组平埂的造型形态。

要求： 徒手描绘平埂造型，帮面分割正确，合缝衔接合理，有适当手绘效果。

[作业2] 练习一组立体埂的造型形态。

要求： 徒手描绘立体埂造型，帮面分割正确，合缝衔接合理，有明显立体效果。

第五节　褶皱造型

在鞋类款式设计特别是女靴的款式设计中，经常能看到很多自然皱的造型。有些是面料本身的垂感带来的褶皱，有些是在工艺制作过程中改变了面料纹路的起伏方向所产生的褶皱。大多初学者觉得褶皱的表现很有难度，线条的密集度高，颜色深，完全按照实物形态进行写生，工程量浩大，效果又不好。所以，款式设计中要呈现均匀的褶皱，通常的造型手法是比较概括地处理它，将所有的皱褶都以差不多的厚度和密度进行表现。

任务1：横向褶皱造型

初学者要学会观察褶皱的起始位置，沿着平整的轮廓线上画一个拱形的起伏，在拱形的下端画一条平行于靴筒口的线。线的长度约为靴筒口宽度的1/3，尾部为自然消失的状态。然后在上一个拱形的下方重复描画相同的线条，塑造出面料自然褶皱的效果。当然，为了增加面料褶皱的真实性，在设计拱形的时候，也故意增加拱形的长度，使褶皱呈现多变的形态，但所有的拱形都默认延伸的线段是平行状态。这样的表现虽然略显符号化，但是对于款式而言，既整齐又干净，是目前最为理想的表现方式之一。

当然，褶皱造型的明暗表现也是有难度的，过多、过浓的阴影都会破坏画面的整体感。在对褶皱进行明暗造型时，需要控制用笔的力度。先在褶皱线段的上下涂画阴影。上下的阴影都要紧贴着线段涂抹，下方的阴影比上方的阴影要压得更重些。阴影的绘制使褶皱凸出来的形象更加立体，在一定程度上明暗的对比提升了褶皱本身的亮度。然后在拱形褶皱的中下方轻轻擦拭出一条干净的明暗交界线，明暗交界线略短于褶皱线的长度，造型手法类似于横放的圆柱体的体积表现。有褶皱造型的鞋类款式造型中，需要加强款式整体的明暗交界线的处理，以弱化和均衡褶皱带来的视觉冲击力。横向褶皱造型效果见图57，靴鞋上横向褶皱的绘制可扫二维码11学习。

图57　横向褶皱造型效果

二维码11

任务2：纵向褶皱造型

规则的褶皱形态是设计师在样板制作时就已经加放了一定的量，其造型相对规则，但部分材料，如丝绸缎面、纱制类面料，由于如针车线等其他工艺的影响，自身的褶皱造型规律被打破，整体呈现形态上就不容易概括，需要以写生的手法进行创作。

1. 分组描画

对于比较多变的褶皱造型，初学者要学会观察褶皱的走势变化，将看似无序的褶皱分成若干组来描绘，适当地降低造型的难度。寻找对褶皱有分层作用的结构，如横断的针车缝线、手缝线、镶嵌的装饰物等，都会对褶皱的形态产生影响。在造型过程中，需要依照写生的步骤，先对面料中出现的各个突兀的结构进行定位，以明显断层为分组的标记，如中间的横断针车缝线等。在横断缝线部位，先刻画缝线线段。描画此处缝线，建议加强线段的长度和弧度（约为普通缝线线段的2～3倍长），每一段线段的长度以一组褶皱的宽度为准，横断的缝线大体造型基本平行于原靴口线段。

2. 褶皱造型

按照从上往下的造型顺序，画出褶皱的轮廓线。以横断的缝线为起点，上下两边描画线段。褶皱的造型以描画两条线为主。褶皱的线段从横断缝线的两端开始，起笔用力，往后逐渐提笔收力，尾端线条呈减弱消失状态。褶皱的线条是柔软的、多变的，但还是存在一定的脉络关系。不规则的褶皱通常是纵向形态的，线条特征是两头尖、中间匀称。褶皱造型的两条线段之间基本呈平行状态，线条尾端宽度稍微松开，线条刻画力度向延伸方向与画面成垂直角度。每组褶皱长度为5～6cm，具体参照褶皱实际工艺。纵向褶皱造型见图58。

3. 明暗表现

褶皱呈明显的凸起状态，是可以塑造明暗体积效果的部分。但是凸显的褶皱线条聚拢在一个很窄的界面上，技术关键在于明暗面积的控制。褶皱凸出的线段轮廓之间，要留出一个褶皱的宽度，表示平面部分，不能有交错的形态。在表示褶皱的两条线段之间的1/3处，描画明暗交界线。对明暗交界线的刻画，建议以铅笔尖反复描画一小段线段，长度控制在褶皱线段的1/6左右，再往两边摩擦，接近两边时明暗逐渐减淡直至消失。

纵向褶皱的设计通常出现在女靴靴筒上，止于脚腕部位。在刻画纵向褶皱的线条时，注意不要画到脚背和后跟的位置。纵向褶皱在靴鞋上的绘制可扫二维码12学习。

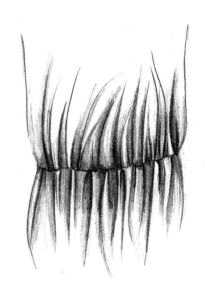

图58　纵向褶皱造型图

二维码12

[作业1] 练习一组横向褶皱的造型形态。

[作业2] 练习一组纵向褶皱的造型形态。

要求：以上作业要徒手描绘褶皱的造型，褶皱轻松自然，衔接合理，有厚度表现，画面整齐干净。

第六节　电绣造型

电绣，指电脑绣花，也称打带，是指打出卡、带或碟，或通过数字化等处理来准备花样，指导或激发绣花机和绣框做设计所需的各种运动的过程。不管是机械式的还是电子式的绣花机，记录针迹的目的都是为了让绣花机能识别并且执行其动作，可能用一个与水平和垂直棒相连的针，用机械方式或更现代化的方式来记录那些形成花样所需要的点。

任务1：单层刺绣造型

平面电脑图纹刺绣，指的是在鞋靴表面覆盖了一层绣线造型形态，或电脑刺绣的花纹通常只刺绣了单层线。此类较为平面的刺绣工艺，表现的关键点是线迹的排列和形态的塑造。

1. 形态的造型

设计者可以依循平面图案的造型手法，用铅笔先勾画刺绣图案的形态。注意，这个阶段所描画的轮廓在制作工艺或是最后外观呈现上并不存在，只是为了下一步表现刺绣图案的线迹排列时，能保证基本的形态。所以在绘制过程中，要控制笔的力度，轻轻用笔，保留微痕迹即可，浓淡以刺绣线迹可以直接覆盖掉、不用另外擦拭为宜。

图案形态的描画，以电脑刺绣中最小的线迹行走为单位进行造型，如树叶刺绣的图案中单片叶子只画叶子的轮廓，不必勾出叶脉，鞋类产品的电脑刺绣中往往省略叶脉的表现；如花卉刺绣图案中的花朵则需要描画每一瓣花瓣的形态，电脑刺绣能表现出各个花瓣不同翻转方向；如人物头像的图案，受到刺绣工艺和审美形态的限制，设计者只要描画五官的大致轮廓，相当于一个剪影效果即可。

2. 线迹的表现

电脑刺绣图案的外观形态造型不同于普通图案，它看起来是在平面上覆盖了一层浓密的绣线。因此，线迹的充分表现是电脑刺绣图案区别于普通图案的技术关键。

在轮廓线的基础上，选择合适的长度，用铅笔或彩色圆珠笔直接排列出物体的形态。排列的时候，注意行笔的方向，最小单位多采用中轴对称用笔，如叶子的刺绣造型，以叶子宽度的1/2长度，从叶子根部开始，顺时针方向描绘平行的线条，直至围绕叶子的中轴完成整张叶子的线条排列；如花瓣与花瓣之间、花瓣与花托之间、花托与花茎之间，在直线的造型过程中，都可以刻意留出一定的空隙，加强平面线段的结构变化。电脑刺绣中会出现部分特别细的线条，可以以45°斜线的手法密集排列直接完成，不需要强调结构上的分割。当然，平面电脑刺绣表现技法，由于受到鞋类产品表达时间的限制，进行了高度概括和提炼，与真实物象以及写实手法的表现存在一定的差异，需要设计者带着专业的态度进行理解和复述。

表现线条时，强调线迹的表现，用笔力度相对较大，线条以粗、浓为佳。造型过程中，注意线条与线条之间紧密相连，几乎不留空隙，以线连成面，涂画出刺绣图案的最终形态。电脑刺绣中，代表绣线线段的起笔和落笔的笔尖均是钝的，表示每一针线都是刺在面料上的。绣线的线迹围绕着物体的中轴线排列、收拢，没有中轴的物体则根据整体刺绣图案进行排列。需要特别注意的是，刺绣图案中即使是很窄很细的形态，也不可能只用一根刺绣线段来表示，基本采用极短的斜线表示。平面电脑刺绣造型见图59，电绣的绘制可扫二维码13学习。

图59　平面电脑刺绣造型图　　　　　　　　二维码13

3. 颜色的填涂

鞋类产品中，时尚类鞋款刺绣的图案多为一种颜色，民族风格类鞋款或儿童鞋款的刺绣图案可以进行多种配色。对单色的绣线形态，可以用铅笔大致描画出轮廓，然后用对应的彩色圆珠笔直接根据物体形态排列线迹，塑造出彩色绣线效果；也可以先用铅笔先排列出全部线迹，再用对应颜色的马克笔在铅笔线迹上填色，马克笔的笔尖明显比铅笔粗，在涂色过程中，需保持与铅笔线迹方向一致，马克笔线迹的均匀程度能更加影响绣线的色彩效果。

彩色电脑刺绣图案的造型过程与单色有相同之处，都是先用铅笔画好图案主体的轮廓线，注意在临近鞋底和帮面分割线的时候，要主动留出富裕的间隔距离；然后用彩色圆珠笔替代铅笔，分区域直接用不同颜色的圆珠笔描画直线，直至完成整体部分。其中，单个局部由不同颜色组成的刺绣图案，如花瓣上有不同层次的红白相间的颜色时，注意观察实物对象的结构，先从外轮廓的线段描绘，逐一再向内描画。不同颜色的线段在交接时可以有略微的交汇，但要注意从整体上控制各个层次线段的基本轮廓线；也可以先用黑色勾线笔描绘轮廓线，模糊外轮廓线的颜色，然后用马克笔填涂。马克笔的颜色不会覆盖底线，能呈现不同颜色的效果，但局部细节的造型特征与电脑刺绣本身的造型特征还是有出入的。

在设计电脑刺绣图案时，颜色的搭配也是影响造型的关键。时尚类鞋款在颜色的使用上偏向于简洁大方，清新雅致；民族类鞋款的配色方向多以大红大绿为主，配上纯黑色的底，形成传统的黑底红纹图式。在填涂底色时，无论是勾线笔还是圆珠笔都是无法涂改的，要严格控制图案与底色的边界，复杂图案裸露的底色建议细节部位直接采用黑色签字笔填涂或用小号勾线毛笔填涂空隙，以保证花纹的完整性。

任务2：立体刺绣造型

部分鞋类产品上会出现有明显凸起造型的立体电脑刺绣作品，其表现手法与平面电脑刺绣作品是有所区别的。在工艺制作过程中，立体电脑刺绣作品吸收了勾线等多种制作手法，线的表现形式更加丰富，线迹的表现形式也更加多样。

平面电脑刺绣作品的表现应先用铅笔等工具描绘轮廓线。在不同单位的表现过程中，需要关注前后层次的位置关系，这是立体电脑刺绣图案所独有的。以花卉图案为例，花瓣的表现不能是单纯的直线，而是包含了勾、编等不同工艺的造型，需不断变化线段的方向。在立体电脑刺绣图案的细节表现中，多采用规律变化的曲线线条表现更加细腻的工艺造型，同时也混入了更多颜色的线条，建议直接用马克笔或彩色圆珠笔根据刺绣针迹的走向，在轮廓线内排列出密集地平行线段，线段的起点和终点紧凑地结合在轮廓线段上。也有部分刺绣图案的针脚的轮廓是不规则的，针脚结构有长有短，参差不齐，很难描画单体的轮廓线，可以根据前面造型的规律，适当简化和提炼，直接用马克笔或彩色圆珠笔等工具勾勒刺绣的线段，随意展现线段的形态。在造型过程中，保留手工描绘时针脚线段的不绝对平整，以体现刺绣的原汁原味。立体刺绣造型见图60。

立体电脑刺绣作品中，也有不同色系的镶嵌类物件装饰，如水钻等。造型的次序是先用铅笔描画出镶嵌物件的形体轮廓，为其腾出足够的空间位置；再描绘刺绣部分的轮廓线，刺绣的线迹表现参考单层刺绣线迹表现部分；然后重点进行水钻等物件的造型，造型手法可以参照相应物件的表现手法，力求表现出镶嵌物件的质感和立体效果，与刺绣效果产生层次。拉开层次的技术关键是在造型中刻意强调镶嵌物件的投影，加强投影的浓度来提升物件的质感。在描绘透明镶嵌物件时，底盘部分要结合面料底色进行部分填涂，颜色的浓度处理上要比纯底色轻一两个层次，高光部分可以用白色的针管笔或白色彩铅进行塑造，光束的造型可以略微夸张地表现出来。

图60　立体刺绣造型

[作业1] 练习一组单色电脑刺绣的造型形态。

要求：徒手描绘电脑造型，针脚清晰，衔接自然，有厚度表现，画面整齐干净。

[作业2] 练习一组多色电脑刺绣的造型形态。

要求：徒手描绘电脑造型，颜色使用准确，针脚清晰，衔接自然，有厚度表现，画面整齐干净。

第六章
鞋类面料造型

第一节　斑马纹面料造型

斑马为非洲特产。非洲东部、中部和南部产平原斑马，由腿至蹄具条纹或腿部无条纹。东非还产一种格氏斑马，体格最大，耳长而宽，全身条纹窄而密，因而又名细纹斑马。南非洲产山斑马，与其他两种斑马不同的是，它像驴似的有一对大长耳朵，除腹部外，全身密布较宽的黑条纹。很多初学者认为斑马纹就是马路上的斑马线，即黑白竖条相间的花纹，其实这种认识有以偏概全的嫌疑。据说斑马在胚胎发育的早期是纯黑色的，到了胚胎发育晚期，黑色素的生成被抑制，才出现了白色的条纹。每只斑马的黑白条纹都有差别，就好像它们各自天然的条形码一样。

同一斑马身体不同部位的纹路也是完全不一样的，其纹路变化有长有短、有粗有细，还有分叉等不同形态。在对斑马纹进行造型时，建议先观察其不同部位的条纹结构。斑马身体不同位置的纹路形态也存在很大的差异。如斑马脖子部位的条纹与尾部的条纹相差就非常明显：脖子上的条纹白色面积多，黑色面积少，似白纸上勾勒寥寥几笔黑色的笔画，飘逸潇洒；尾部的条纹则像是黑纸上面小心填涂了几块白色的颜料，憨厚可爱；而臀部的线条几乎成白底状，黑色裸露出来的条纹两头尖、中间圆，显得短而粗。天然的斑马纹颜色以黑、白两色为主，偶有棕色。

鞋类产品中的斑马纹多喜欢采用斑马背腹部位置的纹路，其部位面积大，完整度高，结构最是优美。斑马纹路以背脊为中轴，左右呈基本对称状态，中间黑底的条纹异常粗壮，白色的条纹分布在两侧，裸露的黑色底纹呈细密的拉丝状，两边条纹不是概念中的斑马线，而是围绕斑马身体结构行走；斑马大腿外侧条纹基本呈横向，腹部纹路与背脊呈垂直状直达腹部中央。斑马纹见图61。

图61　斑马纹

1. 斑马纹结构图

初学者要掌握斑马纹面料结构，必须学习分析其条纹特征与组织规律。斑马纹两头呈椭圆，中间线段匀称，像书法笔画中的竖，有起笔和落笔的动作；斑马头部的中间条纹呈倒着的"U"，慢慢扩散为如书写中的左右各一笔衔接成的拱门；每一个条纹都不是完全一样粗细的，本身呈现圆润的变化，也方便直接手绘方式的表现；斑马条纹粗而紧、细而密，左右匀称但有赏析位置的区别，交叉很有顺序，看似简单其实变化非常微妙，需要多加练习，才能掌握其基本变化规律。

在概括了斑马纹的结构特点后，根据斑马纹的实物面料仔细观察，分析其条纹的呈现状态和走势。多数鞋类款式设计中用到的面料以黑底白条呈均匀的平行状态为主的纹路造型居多。先用铅笔勾画出条纹的位置，注意条纹的居中地带都会有一些"Y"字形的交叉条纹。"Y"字形条纹的四周是最容易发生形变的区域，通常会有不规则的小圆点，其长度变化有一定的顺序。但就线条造型而言，以两头尖、中间匀称居多，表现的过程中可以根据楦头的转折进行线条转向的相应变化。斑马纹结构见图62。

图62 斑马纹结构图

2. 斑马纹效果图

在斑马纹的造型过程中，先用铅笔单线轻轻勾画斑马条纹的中心线，标出大致位置和形态走向；然后用铅笔或勾线笔勾勒条纹的具体形态，线条尽量画得饱满一些，符合斑马条纹的造型特点；铅笔勾出条纹形态后，可以适当调整条纹之间的距离，使其看起来更加舒服自然；然后，用签字笔粗的一端或马克笔填涂黑色面料部分，白色条纹部分直接留出；也可以将黑色的底纹制作完毕，再用白颜料填涂条纹，但此做法耗时费劲，极容易涂脏。在斑马纹黑色部位的填涂过程中，黑底要涂均匀，如使用马克笔，建议勾勒边缘轮廓线后再统一方向填涂颜色，尽量不要有深浅的变化，保留线条边缘的光滑，才能突出白色纹路的美感。

但在常见的鞋类款式设计中，设计师对面料上的斑马纹路进行了概括处理，重新梳理了条纹的次序。新设计的斑马纹面料以黑白两色为主，但在斑马纹的形态上做了简化处理，以平行对称的黑白竖条形态出现，减少了野生斑马纹的粗细变化和条纹的分叉形态，刻画起来更加简单。斑马纹造型见图63。斑马纹的绘制可扫二维码14学习。

图63　斑马纹造型　　　　　　　　二维码14

3. 新锐设计

新锐设计师也改变了斑马纹的底色，换成了红色或是蓝色底，突破了传统斑马纹的格调。也有设计师将斑马纹与其他花纹进行融合，如迷彩纹幻化在斑马纹中，不仅改变了基础色调，在纹路的形态上也吸收了迷彩的特色，形成了新风格的面料。在表现此类新兴的纹路面料时，学会捕捉单位花纹的外形特点很重要。迷彩斑马纹的造型重点就是锯齿状花纹的勾画，更侧重于迷彩花纹的形态，呈不规则的片状，不需要核对锯齿的数量，锯齿的朝向大体对了就可以；上色的时候，可以先填底色，再涂花纹的颜色，注意花纹的填色过程中要保留一圈的边不上色。

[作业1] 练习一组黑白斑马纹面料造型形态。

[作业2] 练习一组彩色斑马纹面料造型形态。

要求：以上作业要徒手描绘斑马纹，斑马纹路清晰，结构合理，符合动物生理特征。

第二节　豹纹面料造型

豹纹作为设计时尚元素，由美国时装设计师Norman Norell于20世纪40年代初开创先河。在之后的六七十年里，豹纹数次大热，却似乎没有"大冷"，不仅在女单鞋出现，在女凉鞋甚至在男单鞋中出现频率也增加了。

1. 单朵豹纹造型

人们对豹纹的感官认识是数量很多，面积很小，而且每一朵豹纹形态似乎都是不一样的，是很难掌握的物象。建议初学者先观察单朵花纹的形态造型特征，掌握每朵小的豹纹。通过观察可以认识到，豹纹最小单位的造型特征更偏向于两三个或三四个浓黑的圆点，相互围绕而成。再仔细分析可以发现，每一朵豹纹的中间好像都有类似于花蕊的造型，颜色明显浅于边上的小黑点，略浓于面料的底色；每一朵豹纹并不是密封的，它们好像都有一个比较明显敞开的口，而同一面料上的豹纹的敞口方向都比较一致。

单朵豹纹的造型最小单位是形态不一的圆点。先用铅笔随意勾勒出豹纹中面积最大的小圆点，手绘时圆点的形态可能没有那么规整，恰好符合真实豹纹的造型特征；接着，以同样的手法描绘其余的小圆点，面积应略小于第一个圆点。用铅笔造型时，可以直接以较为密集的45°斜线排列在小圆点位置，以线带出面，营造出带有丝丝细毛的豹纹效果。上色时可以用马克笔等工具直接填涂圆点，但无论是用铅笔造型还是用马克笔上色，都建议在几个小圆点的中心位置再填涂一个面积较大、颜色较浅的色块；也可以在豹纹空隙的地方，用铅笔轻轻画出同方向的小细毛造型，注意控制线条的粗度和浓度。

多数单朵的豹纹是由三四个圆点组成，部分是由两个或单个圆点构成。单朵豹纹的绘制见图64。

图64　单朵豹纹绘制图

2. 整片豹纹造型

造型过程中，可以先平涂豹纹的底色，因为它的底部颜色相对来说是最浅的，不会干扰到花纹的颜色；再描绘单颗豹纹的形状。豹纹的纹路看起来相似度高，其实每一朵花纹都是不一样的。有的只用两个差不多大的点就可以画出来；有的是由一个大点加一个小点组成的；有的是三个大小不一的点绕成半圆形的形态；而有的是用四五个圆点围绕成接近满圆的形态。每一朵豹纹都可以直接以马克笔的粗头描画，留出敞口的位置，画上两三个大小不一的点。点基本上呈圆形状态，可以略扁、略长，遵循豹纹本身的形态特征，尽量保留手绘的随意性，不强调造型的规范性。大部分豹纹或对称或围绕成大半个圆圈形状，就是豹纹的基本造型；小部分豹纹只有一两个小圆点组成，没有敞口，也是符合豹纹的变化规律的。整片豹纹造型见图65，豹纹的绘制可扫二维码15学习。

图65　整片豹纹造型

二维码15

3. 马克笔上色技巧

初学者用马克笔快速描绘时，可以在点与点之间略微有些空隙，大体上是一个不完整地圆圈就行，有点像小狗的爪子印。为了增加豹纹的色调和真实性，建议初学者在完成豹纹点之后，在纹路的中心涂上黄色或棕色的色块，与底色呼应。填涂中间的色块时，手法随意，让色块边界融于周边的点，增加画面的真实感，也能提高表现的效率。最后可以用白色彩铅在做了底的画面上勾勒小细线，表示皮上的毛发。也可以用水在所需要描绘毛皮的部位湿润一下，在水将干未干时，用水彩的渗化技法染色。色彩渗化后，用笔蘸较深的颜色勾画，色彩之间由于水分的作用能较自然地衔接，外轮廓处由于水分的自然渗化而形成绒毛感。

也有初学者为了追求豹纹的匀称，直接将豹纹简化成均匀的圆点，或用一样大小的圆点围绕出豹纹，这样显得过于机械。

豹纹的变异设计也运用高度概括的手法，直接将单个豹纹的花朵用一个大黑点表示。黑点的形态继承了豹纹的形态特点，大小不一，均匀地散落在画面上，一看就知道设计灵感来源于豹纹，但比豹纹更加简练，有时代感。豹纹面料的底部颜色随着设计的需要，可以更换各种颜色，如蓝色、红色甚至紫色都有出现。也有把钻石镶嵌成豹纹状的，但无法保留其原汁原味，这里不作为设计的重点。也采用将豹纹与迷彩纹路结合的手法，与迷彩斑马纹相同的是，迷彩豹纹也保留了团状的豹纹形态，在颜色配置上进行了抽象化处理，也采用了迷彩的军蓝色和提炼自豹纹的棕色，花朵形态更加大朵，也有连接起来呈现流水状的。豹纹上色见图66。

图66　豹纹上色

[**作业1**] 练习一组无底色的豹纹面料造型形态。

[**作业2**] 练习一组有底色的豹纹面料造型形态。

要求：以上作业要徒手描绘豹纹面料，纹路清晰，结构合理，符合动物生理特征。

第三节　鸵鸟纹面料造型

　　鸵鸟革原产意大利，是世界上名贵的优质皮革之一，柔软、质轻、抗张强度大、透气性好、耐磨。鸵鸟皮因其毛孔凸起形成天然花纹，聚集了细密的肌肤纹理，形成无与伦比的渐变颜色。天然鸵鸟皮具有特殊的天然羽毛孔圆点图案，有良好的透气性，也可能是世界上最舒适的皮革。鸵鸟皮中含有一种天然油脂，在寒冷的气候下皮革不变硬、不龟裂，比鳄鱼皮柔软，其抗张强度是牛皮的3～5倍。鸵鸟革不易老化，耐用，可蜷曲，可加工成皮鞋、皮带、皮包等，其制品也历来被认为是品位、富有和地位的象征。

　　鸵鸟皮纹的造型在所有的皮质面料里是最具独特气质的，也是最难表现的动物面料之一。美丽的天然羽毛孔圆点图案具有很强的标志性，其造型也是表现的技术难点。鸵鸟皮花纹独特，颗粒饱满，排列较为规整，立体感强，颜色有微妙的深浅变化，较其他皮质层次感更加丰富，稀有面料的材质感使其富有一定的奢华感。

　　很多初学者反映鸵鸟皮纹比起其他品种的皮纹多出很多颗粒，想表现立体感却没有明显的厚度线可以用，没有立体感又画不出鸵鸟皮的特点，而且这些颗粒形态看上去都差不多，排列又好像有点规律，画成一样却没有美感，特别是鸵鸟的毛孔塑造，单纯的涂黑会显得面料很廉价，表现不出鸵鸟皮皮的奢华感，想深入塑造又感觉一个一个塑造毛孔太复杂。其实，掌握正确的表现技法，可以在极短的时间内完成鸵鸟皮纹的预期表达效果。

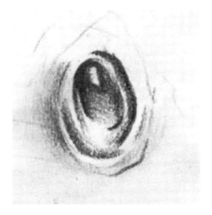

图67　单颗鸵鸟纹造型

1. 单颗鸵鸟纹造型

鸵鸟皮纹由于其纹路清晰，特征明显，描绘时要先仔细观察，抓住其主要特征。鸵鸟皮纹上面的呈颗粒状、比较规则的毛孔是造型的关键点。仔细观察鸵鸟皮，可以发现鸵鸟皮上的毛孔呈肉头状，略接近圆形，凸起于皮面上，单颗鸵鸟纹造型见图67。

2. 整片鸵鸟纹造型

鸵鸟毛孔的外轮廓大小接近，以临近的4颗鸵鸟毛孔为单位，毛孔的朝向排列基本呈菱形状，以此类推，可以组成整张鸵鸟皮的毛孔造型。有些肉头更凸出，有些则只有小半部分凸起，每个肉头的中间有一个微不可见的小孔；以小孔为中心，大部分毛孔的肉头周边有一圈圈很细的褶皱叠在一起，这些褶皱线条以不完整的圈状呈现，接近小孔的位置线条相对密，离开小孔的位置线条比较松散。每一个毛孔都是以球体局部造型特征立体呈现，毛孔的褶皱可以偏向于某一边进行表现，这样有一边的位置颜色较周围偏深，就可以在第一时间内加深了半立体效果，整体效果会更加容易表现，整片鸵鸟纹造型见图68，鸵鸟纹的绘制可扫二维码16学习。

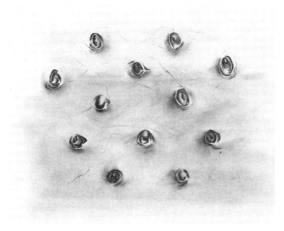

图68　整片鸵鸟纹造型

二维码16

建议在完成鞋类轮廓的基本造型后，可以尝试先用虚实结合的方法画圈，每个圈都留出30°的小空隙。控制好腕力，用笔画出多个圈层，叠出富有层次的小圆环后，圈层的线条可以长短不一，有一定的疏密，但注意小圆圈的各个层次的受光面和逆光面必须统一，结合光影效果和控制绘制手法的轻重，最后形成自然的片球状。按照菱形排列小圆圈，大体上肉头的排列都是均匀的，在刻画时其肉头之间的距离可稍做处理，避免处理成完全等距离，失去真实感。在各个颗粒之间，轻描上丝状纹路，纹路以片状交叉为主，部分线段与画面呈垂直状态，纹路的间隙有大有小，方块的、三角形的间隙居多，代表鸵鸟皮的自然褶皱，能营造出皮质的真实感，使其更接近真皮效果。部分设计师喜欢在鸵鸟皮的毛孔上画上细毛，以表示真实感，其实鸵鸟皮在制革加工过程中毛会脱落，是不用画的。

鞋类产品中，也存在部分设计为了降低制作成本，用仿鸵鸟纹的牛皮制作鞋类，既有牛皮的特性，又有鸵鸟的美丽皮纹，能达到比较完美的效果。仿鸵鸟纹牛皮的表现技法与鸵鸟皮不同的地方是，由于受到工艺限制，仿鸵鸟纹牛皮面料上毛孔的位置和形态呈现明显的机械性，毛孔形状、大小、位置排列基本一致，色泽变化也趋向雷同，表现手法可以参考真鸵鸟皮的表现。

[作业1] 练习一组单个毛孔的鸵鸟纹面料造型形态。

[作业2] 练习一组毛孔的鸵鸟纹面料造型形态。

要求： 以上作业要徒手描绘鸵鸟纹面料，纹路清晰，结构合理，符合动物生理特征。

第四节　鳄鱼纹面料造型

在所有材料的表现中，鳄鱼皮由于其天生的无比霸气的大颗粒状皮质肌理，带有鲜明的特点，无疑是鞋类款式设计中最受青睐的真皮之一。鳄鱼皮质的特殊质感使其在国际贸易中已有100多年的历史，直到现在还是非常受欢迎的稀有面料，鳄鱼皮称得起是皮革中的王者。不同于牛皮，鳄鱼皮有个最大的特点，即在使用的过程中，其光泽不会随着时间的推移而消逝、黯淡，用得越久越能透出其本身的天然光泽，所以无论用多长时间，依然历久弥新。

鳄鱼皮质略带夸张的颗粒感，不规则的皮纹形态，粗糙与细腻并存的触感，一直以来都是设计师们津津乐道的讨论话题。鳄鱼皮在鞋类款式设计应用中有极强的艺术表现力、张力和帝王霸气，又兼具非常俊朗的艺术气质，深受设计师与消费者的追捧。制作精良的鳄鱼皮色泽亮丽，表面纹路凹凸变化频繁，产生强烈的节奏感和韵律，手感效果也在所有皮质中居为上乘。鳄鱼皮或仿鳄鱼皮根据鳄鱼纹的不同特点可加工为高（亮）光鳄鱼纹、大小鳄鱼纹、双色鳄鱼纹、水晶鳄鱼纹、镜面鳄鱼纹、金属鳄鱼纹等不同品种，造型技巧趋于相同。鳄鱼皮纹路的绘制，重点集中在鳄鱼鳞纹的刻画和塑造上。

任务1：项部鳞片造型

造型时先确定鞋类要使用的是哪一部位的皮质，然后根据这一部位的皮质特点画出鳞片的外轮廓。鳄鱼项部、背、后枕部等鳞片归纳起来有四方形、六边形与卵圆形等不同的颗粒造型。以鳄鱼的项部鳞片造型为例，共由六片鳞片组成，基本形态成对称状，但上下两排鳞片之间、左右对称的鳞片之间都有分界线。

1. 大鳞片的造型

在造型时用铅笔描画中央的鳞片形态，先画一个对称的六边形，连接六边形的对称轴，为单片鳞片的造型做好准备。然后刻画单个鳞片，项部鳞片单个鳞片呈偏圆的卵型状，中间的鳞片相对形体偏大，鳞片之间没有实质的分界线，造型的难点是鳞片中间有一根粗壮凸起的骨质增生类骨骼，骨骼呈现立体的月牙形态，需要勾勒骨骼的轮廓，刻画骨骼的明暗交界线、高光部位以及骨骼的阴影。需要注意的是，由于骨骼的表现空间极其狭小，建议用自动铅笔仔细描画相应的块面变化，随着形态的宽窄不断调整光影的变化，骨骼与鳞片边缘之间细小褶皱的造型，则是以骨骼边缘为起笔的中心，画出淡灰色的线条，线条逐渐向鳞片边缘延伸，持笔力量慢慢减弱直至消失。项部鳞片中央部位的大鳞片中，两侧鳞片面积偏小，边缘界线清晰明确，在刻画中可以强调其鳞片的厚度。

2. 小鳞片的造型

项部鳞片与其他鳞片排列略有不同，整体鳞片造型并不是简单的围绕着大鳞片逐渐变小。项部鳞片四周围绕着无数椭圆形颗粒，呈半圆形立体形态。在表现时，可以参考半球体的造型手法，先快速描画圆形轮廓，再画出颗粒的明暗交界线。造型过程中注意控制用笔的力度，逆光部位线条颜色深一些，迎光部位线条颜色稍微浅一些，直接空出高光部位。由于小鳞片数量较多，在塑造时，尽量只刻画部分体积相对大一些的鳞片，部分体型过于细小的鳞片，则只勾画出其主要形态，而非面面俱到。项部鳄鱼纹造型见图69。

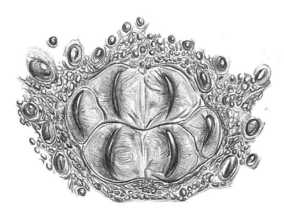

图69　项部鳄鱼纹造型图

任务2：背部鳞片造型

鳄鱼背部的皮质，是男式精品商务鞋经常采用的材料。鳄鱼背部的鳞片结构与项鳞结构较为接近，造型的技术关键是关注大鳞片的形状和小鳞片的处理手法。

背部鳞片的排列特点是每一行大鳞片的底部基本在同一水平线上。造型时，可以分组表现，先画若干平行线，再描画大鳞片的外轮廓。相比项部鳞片，背部鳞片的形状大致呈方形，但不是真正的方形。大鳞片的底部线条基本持平，部分顶部线条呈凸起状；背脊上方的鳞片最为凸起，呈横向的大长方形形状，纵向两条骨骼异常凸出，周围有鲜明的四边形分界线，外观类似写字的方字格；但上下两条平行的鳞片的纵向线条或平移或交错。鳄鱼皮背部造型的难点是骨骼凸出部位的表现，背侧部多为隆起的大如蚕豆的鳞，鳞上有大量色素，鳞内有坚硬的骨质增生。在造型时，先划分出大致的分界线，鳞片的排列都是非常有规律性的，再划分出接近方形的块状，每个格子的边角都要处理圆滑，方中带圆就是鳄鱼背部的外形特征。鳞片在每一片大的鳞片中都有一条竖形隆起的皱褶，是鳄鱼背部鳞片才独有的造型特征。

可以在鳞片中央描绘两条紧挨着的平行线，两侧擦上些许明暗，两端略微收敛，慢慢向四周消散；这部分四边形的鳞片以侧面角度进行塑造的话，隆起的部位造型明显高于其他部位的纹路，加上厚度的塑造，鳞片立体感就显得更加强烈。背部中间的大鳞片之间留有一丝的空隙，接近腹部的鳞片形状变小、变圆，平行线渐渐消失收紧不见。上下排的鳞片之间偶有小颗粒出现，在大鳞片聚集的四周，则分布着无数小颗粒的鳞片，根据具体的实物进行细节塑造。背部鳄鱼改造型见图70。

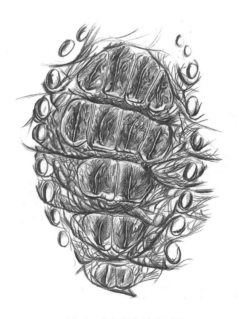

图70　背部鳄鱼纹造型图

任务3：腹部鳞片造型

　　相对于造型特征明显的鳄鱼背部鳞片，鳄鱼腹部鳞片的形态则显得规整有序，是设计师最为常用的鳄鱼纹路。通常情况下，鳄鱼皮体形狭长，体表覆盖着厚硬的鳞片，粒面特别细致紧密，且又高低不平。在组织结构上，腹部与背脊部、体侧部区别较大，腹部鳞片多为不太规则的狭长形态，每一组鳞纹呈对称的六角形，两端的对角细长，居中的四个角相对宽泛。腹部鳞片的中心以六角鳞纹呈粗壮的单条竖直线排列，天然鳄鱼纹的每一个大的中心纹大小、形态都有差异。大鳞片上呈现的肌理组织没有两片是一模一样的，细密的皮肤组织形成宽窄、粗细、长短都不尽相同的褶皱。这些褶皱产生变幻莫测的投影，带来难以想象的视觉美感。每组竖形大鳞片的两边，都围绕着面积相对较小的小鳞片，距离大鳞片越远鳞片的面积就会变得越小。小鳞片的形态也不再是狭长的，变成比较对称的五边形，直至变化到小圆鳞片。

　　腹部鳞片的正中间有一列的鳞片造型相对比较特别，鳞片呈多边形态，造型中注意与其他鳞片的区别。在刻画腹部的主要鳞片组织时，先勾勒出每一个鳞片不太规则的四边形形态，边角处理圆滑，偶有半片或1/3鳞片夹在整齐鳞片之间。但在鳄鱼腹部鳞片的整体中，相对来说，居中的鳞片成形面积都是最大的，有的比相邻的鳞片大了不止一倍。当然，后期加工的如牛皮仿鳄鱼纹的纹路造型就简单地多，面积和形态都没有这么大的差距，也就失去了最天然的美感。与背部鳞片相似，腹部居中的大方形鳞片组织四周分布着密密麻麻的小圆鳞片。这些小圆鳞片的造型是不太规整的大半个圆形。与蛇的鳞片相比，鳄鱼背部的鳞片颗粒粗而有力凸起，面积和形态都占到3/4个隆起的小片球状。鳄鱼纹的每一个鳞片大小不一，形态既相像又各异，适合采用快速手绘的方法进行描述。勾勒出鳞片的形态后，挑几个大的鳞片做出明暗效果，在暗部以画圆的方式进行涂画，直至有些许凸起的效果。腹部鳞片造型见图71。

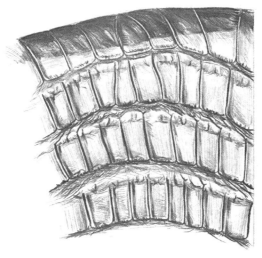

图71　腹部鳞片造型

鳞片之间留一条空隙做表皮状，接着在鳞片内侧画明暗交界线，交界线的形态要与外轮廓线相呼应，恰如其分地塑造出起伏的立体感。如遇到像鳄鱼背部鳞片面积均匀并且数量较多，在描绘外轮廓时面积要适当放大，加强明暗交界线的力度，强化黑白对比，然后在表层涂上一层薄薄的颜色即可得到事半功倍的效果，比较适合单色效果或是铅笔淡彩的技法表现。当然，如果是牛皮仿鳄鱼纹的话，造型手法相同，只是每一个鳞片纹路的形态都会比较雷同，缺少细节变化，特别是细小的褶皱纹理可以忽略不计。

[作业1] 练习一组鳄鱼背部纹路的局部造型形态。
[作业2] 练习一组鳄鱼腹部纹路的局部造型形态。

要求：以上作业要准确描绘鳄鱼纹路的形态特征，结构正确，符合动物生理特征。

第五节　蕾丝面料造型

蕾丝是一种从刺绣、空花绣、金银饰带和辫子演变而来的古老的纺织品，以前常常使用金线、银线、染色丝绸及漂白亚麻纱线制成，现在多使用锦纶、涤纶、棉、人造丝作为主要原料。18世纪，欧洲宫廷和贵族男性在服装的袖口、领襟和袜沿也曾大量使用。

蕾丝的造型需要解决两个问题，一是核心蕾丝图形的形态，二是蕾丝网底的构造。传统的蕾丝多是黑底白色花纹，或是白底黑色花纹。随着技术的发展与人们消费理念的变化，陆续出现了彩色蕾丝，包括LV品牌的糖果蕾丝，都营造了年轻化的设计氛围。

任务1：素面蕾丝造型

素面蕾丝主要由网眼构成。蕾丝网眼组织最早用钩针手工编织，欧美人在女装特别是晚礼服和婚纱上用得很多。网眼部分没有具体的织钩花纹，在底色的映衬下，散发出性感迷人的味道。

素面蕾丝的造型手法与纺织网眼面料的造型手法相似。在鞋款轮廓线造型完毕后，先填涂底色，在底色上直接描画蕾丝网眼。蕾丝网眼的表现有半手绘与手绘两种方法。半手绘不需要造型基础，指直尺或卡片等有直角的工具，均速画上交叉的网眼线，以表示素蕾丝的基本造型，适合初学者在练习之初尝试。画网眼线的时候，注意线段之间的间距要匀称，线段与面料结合的地方一定要画到。半手绘是借助工具完成的，难度降低了一些，其造型效果容易有机械感，不是很生动，要靠后期的明暗调子做柔和处理。

手绘画法是直接徒手从蕾丝的单位形态开始绘画。造型过程以画圆形或菱形等反复具象的结构为主，优点是手工绘制形态生动，菱形的起点和落点都会留下勾线笔滞留的痕迹，逼近针织效果。网眼的大小效果也可以在整体上进行控制，形成近大远小的效果，更加符合透视规律。当然，在素面蕾丝的造型过程中，遵循鞋类造型的基本原则，将细小的结构放大化处理。画素面蕾丝时单位面积可以比实物蕾丝单位面积大2～3倍，使画面结构显得更加清楚，也减少了造型的数量。

任务2：花面蕾丝造型

下面以蕾丝花卉图案为例，分解造型步骤。

初学者在描绘蕾丝面料时，建议先对大朵的蕾丝花纹图形的形态进行定位，以免细小的蕾丝花纹影响画面的布局。先用笔在出现大多花纹的地方做出记号，确定蕾丝造型的中心，简单勾勒出花纹的轮廓线。通常情况下，整个帮面的蕾丝面料大多只设置2～3朵面积较大、造型明显的具象的蕾丝花纹，再辅以蕾丝边。蕾丝花朵的勾勒手法依照工艺的构成，分为实心和空心两部分。先分别勾勒出两部分的分界轮廓线，实心部分可以模仿蕾丝的工艺制作过程，根据花纹的结构，用连续的粗短线排列出花饰的主要形态。蕾丝花纹实心部位线的颜色浓而黑，也可以直接用勾线笔进行勾勒，强调边缘线的感觉。在对花朵进行边缘造型时，保留不平整的状态，以表示线的真实性和工艺美感。如果花纹是以花卉类为主要纹饰设计的，实心部位会集中在花瓣和枝干上，而花蕊和叶子相对来说采用空心结构比较多。花卉造型中，实心线条造型紧挨着的是空心部位，由于蕾丝连接的工艺，空心是相对于实心结构而言的。空心部位在外沿轮廓线与实线之间要以稀疏的斜线进行连接。特别是蕾丝花纹的中间部分，也要以相同的手法进行塑造，不能简单地空出来，花面蕾丝造型见图72，蕾丝图案的绘制可扫二维码18学习。

图72　花面蕾丝造型

二维码18

配合花面蕾丝造型的蕾丝网底占了比较大的面积，蕾丝网底的造型方法大致分为三种。一种是初学者马上能掌握的，就是用工具直接画倾斜的直线，然后再画垂直的交叉线，形成斜纹的图案，代表最基础的蕾丝网底。第二种是徒手画小圆圈。因为是手工绘制，在画圆圈的时候不必太在意圆圈的大小和形态的统一，快速地重复画圆，直至连接成一片区域，形成蕾丝底网。第三种是比较精致的画法，蕾丝网底的最小单位变成了复杂的六边形。不要小看这个六边形，要知道描画出一小片区域就需要几十个或上百个六边形，而且在画的时候要注意所有六边形都要紧密地结合在一起，面与面会有几条线是共同的。所以，在画六边形的蕾丝网底时，建议将单个六边形比原物比例扩大2~3倍来画，遵循鞋类造型中小部件画大的造型原则，减小刻画的难度，加快速度，能达到比较理想的效果。

任务3：彩色蕾丝造型

彩色蕾丝的画法基本与黑白蕾丝的步骤相同。建议定位完成后，直接用彩色圆珠笔勾勒蕾丝花纹的细边，粗边用马克笔填涂；然后再用马克笔填涂相应的底色，底色填涂可以比较随意，留出一些空白的部位更加生动；再用深一号的马克笔在蕾丝花纹上进行部分明暗处理，增加蕾丝花纹的颜色层次。多色蕾丝则在最后步骤采用不同颜色的马克笔分别填涂。

对于蕾丝面料掺入部分金线、银线的造型，则可以在蕾丝造型完毕后，直接用彩色圆珠笔中的金、银色笔在造型上勾勒，或是用尼龙勾线笔配合水粉的金、银色填涂。

任务4：镶嵌蕾丝造型

近年来蕾丝面料不断创新，如在蕾丝面料上镶嵌饰物——珍珠、钻石、亚克力宝石，在造型过程中，如何安排蕾丝与镶嵌物之间的表现顺序是成功的关键。建议先对镶嵌物进行造型，造型的具体步骤可以参照本书前面的相关内容；然后在这些镶嵌物的外轮廓线之外，确定蕾丝主体花卉的形态；最后在主体花卉的空隙处填上蕾丝网状物的造型。镶嵌物的蕾丝造型较之单一蕾丝的造型，在层次表现上更加丰富，其中，镶嵌物是立体的，可以根据具体情况表现不同的材质。蕾丝的主体图案略厚重于蕾丝网眼，而蕾丝的网眼基本呈平面状态，表现方式多样。

为了避免镶嵌物与蕾丝混淆，建议在造型过程中加强对各种镶钻或珍珠等镶嵌物底部的阴影处理。具体处理手法是加重镶嵌物的下方轮廓线，逐渐向外晕染，加深投影部位的表现，以投影烘托出装饰物的立体效果。对不同对象的明暗表现也要加大区分力度。在镶嵌物的明暗表现上尽可能多表现不同层次的灰调子，而蕾丝的表现以黑、白为主，使其产生层次感，不建议做灰度表现。

[作业1] 练习一组单色蕾丝面料的局部造型形态。

要求： 准确描绘蕾丝纹理结构，掌握蕾丝粗细变化规律。

[作业2] 练习一组彩色蕾丝面料的局部造型形态。

要求： 用上色工具准确描绘蕾丝纹理结构，掌握蕾丝粗细变化规律。

第六节 毛皮面料造型

狐狸、貂、貉子、獭兔和牛、羊等毛皮兽动物，都是冬季鞋类产品中毛皮面料的主要来源，比如说雪地靴等款式。

毛皮面料给人以毛茸茸的感觉，由于毛皮的种类不同，所以毛的长短、曲直形态、粗细程度和软硬程度也不同，因而造成其表现的外观效果各异。描绘时可从毛的走向和结构着手，也可从毛皮的斑纹着手。下面以靴筒部位有狐狸毛皮的女靴款式为例，阐述造型技巧。

1. 轮廓造型

刻画毛皮面料时，建议初学者先画骨，即描画靴筒去掉毛皮后的裸的轮廓线条，保证款式整体造型的严谨性；由于毛皮造型有外扩性特征，可以在离开靴筒轮廓线位置以外描画毛皮，用铅笔轻轻勾勒出毛皮的外沿线段。毛皮面料轮廓造型见图73。

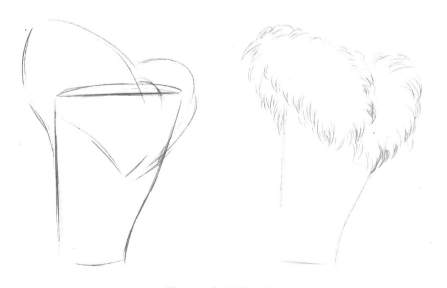

图73 毛皮面料轮廓造型

考虑到毛皮造型的松散性，建议初学者用橡皮将毛皮的外部线条略微擦拭一下，破坏线条的完整性，只保留毛皮外沿轮廓的大致位置；随意地沿着毛皮的外轮廓线绘制，用小的一组一组的呈现瓜子形状的曲线营造部分毛尖效果，造型过程中，注意毛皮工艺制作产生毛的方向性，在成组的毛尖空隙穿插小曲线，制造出毛皮本身的天然性效果。

2. 立体造型

毛皮面料与普通面料相比，蓬松有厚度，在立体造型中应体现毛皮的造型特征。鞋款造型讲究整洁性，建议初学者使用铅笔、自动铅笔或是勾线笔等工具直接勾线。通常选择在明暗交界线位置描画毛尖和碎毛的形态，加重毛量，突出毛皮最厚部位线条的数量感和重量感。在空白部位增加一些碎毛的线条，线条的方向要符合毛皮面料的制作工艺。修饰毛皮边缘的毛尖造型，整理线段之间的疏密关系。毛稀疏的地方，多画一些线条；毛浓密的地方，可以用橡皮适当的搽一些白色的线条，增加蓬松感。毛皮面料立体造型见图74。

图74　毛皮面料立体造型

我们也可以利用木炭条快速制造块面效果，用工具把这部分涂成灰色调，形成块面，在块面上再叠加线状单线，增加毛皮的层次感。把橡皮切出一个斜面，用最窄的面去挑丝，从块面拉出缕缕银丝，制造毛皮面料的厚度和松软度。在这些空白的银丝边上，再紧挨着画上一条较重的线，这时，毛皮面料的基本特征就表达得比较到位了，毛的长短和粗细等都由设计师灵活掌握。

[作业1] 练习一个毛皮结构的装饰物造型。

要求：能够描画出毛皮的蓬松感。

[作业2] 练习一片毛皮装饰物造型。

要求：能表现出毛皮与其他面料的差异。

[作业3] 练习狐狸毛皮造型。

要求：能表现出狐狸毛皮的质地。

[作业4] 练习獭兔毛皮造型。

要求：能表现出獭兔毛皮的质地。

第七章
鞋类款式造型

第一节　女式两节头造型

女式两节头是女鞋基本款式之一，款式简单耐看。两节头款式的特点：一是造型简单；二是两节头由于面料裁剪符合生产工艺的需要，在成本制作上有一定的优势；三是两节头的裁断，既可以变换面料、也可以放置装饰物，是重要的基础款式。

部件组成：包头片（鞋头片）、中帮片、后帮片。

难点：包头片截断位置的判断和设计，必须符合制鞋的工艺要求。

1. 脚弓线造型

女鞋脚弓的线条造型随着鞋跟的高度发生变化，鞋跟越高，脚弓线的曲度变化越大，起伏越明显；鞋跟越低，脚弓线的曲度变化越小，即越平缓。

以高跟款式鞋跟在左侧的摆放角度为例：先画一条约与画面水平线成45°角的曲线；曲线中间略微向上凸，两侧稍稍后仰。画的时候注意手的姿势，以手腕为支撑点，手掌握笔左右自然摇摆。脚弓线条以中间均匀、两端冒尖为宜，两端分别衔接脚的前跷线和后跟线。脚弓线下端控制在距画纸边缘1~2cm结束，为鞋底预留出一定的造型空间，见图75。

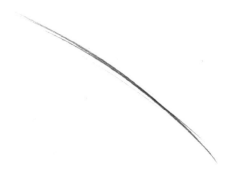

图75　脚弓线造型

2. 前跷线造型

前跷线的曲度变化在款式造型中是比较特殊的。实际情况中，女鞋前跷线条的造型会随着鞋跟的高度发生变化：鞋跟越高，前跷线的角度越小；鞋跟越低，前跷线的角度反而越大。但是，在女鞋款式造型中，鞋跟越高，脚弓线的曲度幅度越大，前跷线的角度如果根据实际情况减少，画面容易出现不平衡的状况，直接影响视觉效果。设计师通常是反向处理，鞋跟越高，前跷越大，出于对视觉欣赏效果的考虑，与款式造型的实际是有出入的。一般情况下，将前跷的角度控制在15°左右比较适合。

前跷线的后端衔接在脚弓线的尾端，衔接处是脚外侧最凸点，也是肉头最饱满的部位，造型中建议调整成1/4圆形状；前跷线过圆形轮廓往前画，与画面形成15°的角度，这段线条的整体造型基本持平，线条略微往外弯曲，保证前掌面有一定相对平缓的面积能着地。前跷线段靠近鞋头部位，还要有一个上扬的曲度造型，约为5°，称其为小前跷，小前跷造型是为前跷能顺利衔接整个鞋头部位做好技术准备，见图76。

图76　前跷线造型

3. 脚后跟线造型

女鞋款式造型中，脚后跟线的造型是相对固定的，幅度变化相对较少。在脚弓线的左上方，描画脚后跟线。女鞋款式造型中，鞋后跟线是最稳定的线段，描画鞋后跟线段时，注意与画面水平线成60°的角度；在接近下端的2/3位置，为鞋后跟最凸出的点，即脚骨凸点位置。过凸点后，线段以圆弧状与脚弓线衔接，衔接处作1/4圆形弧度处理，体现脚后跟掌面处肌肉的状体，见图77。

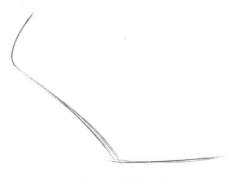

图77　后跟线造型

初学者最容易出现的错误情况有三种，见图78。一是后跟线画得太直，没有考虑到人的脚骨的原始状态，不符合人机学原理；二是后跟线画得太圆，呈"("形态，没有尊重脚骨的客观事实，脚后跟的凸点在偏下2/3处；三是后跟线的最凸点位置画得不准确，多数画在中间，也是没有仔细观察脚后跟的结果。

图78　后跟线错误画法

4. 脚背线的造型

与脚的后跟线相同，脚背的造型来源于女性脚型的数据，无论鞋跟高低，其基本的脚背线的数据是不变的。但是，女鞋款式造型受到女鞋跟高的变化，脚背线也会出现相应的变化。总之，脚背线造型的唯一准则是，造型要服从消费者穿上鞋子之后的鞋子的成型效果，而不要过度关注鞋子因为挤压、材质等原因发生的状况，那是写生时才应该注意的细微变化，与设计无关。

因此，脚背线的正确造型习惯就尤其重要。在脚弓线的上方位置，高开低走描画一条紧贴楦型的大弧线。一条高质量的脚背线需要包含三个点的变化：一是脚背线的"起"；二是脚趾关节的"落"；三是鞋头的"挺"。两节头的鞋脸通常比较短，鞋头的挺最关键。脚背线造型见图79。

图79　脚背线的造型

5. 鞋口的造型

浅口鞋的鞋口，其实是鞋墙的造型。建议初学者可以从鞋后跟线的位置往前画，线条的起伏变化要拿捏得当。脚后跟的鞋口线从高处往低处描画，画到3~4cm的时候，线条要略微往外弯曲，这个位置要贴紧脚踝骨的下方位置；然后线条继续往下画，直至接近脚外侧最凸点的位置，确定为鞋口在脚背的最低落点。线条在此处做好缓冲，与画面水平线成45°角描画口门位置，衔接脚背线，反手描画圆弧线，内外侧是基本对称的形态，内侧线条可以部分省略。鞋口造型见图80。

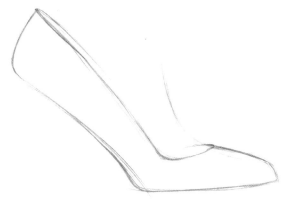

图80　鞋口造型

6. 鞋底跟造型线

鞋面造型完成后，描画鞋底跟造型线。在鞋后跟线结束位置多画出来约0.5cm，弧度衔接描画后跟线。根据后跟的造型描画跟的轮廓线段，后跟外侧线段可以向内描画，将后跟的重心位置内移，在鞋后跟的下方约1/3处接近或基本垂直于画面水平线，以确保鞋跟造型的稳定。鞋跟的内侧线没有与外侧线对称，跟的内侧上方呈倒勾状衔接于鞋底。鞋后跟的底部都要刻画鞋掌钉的造型，前脚掌的鞋底造型，以外侧最凸点下方的部位厚度最大，往鞋头部位慢慢变窄。鞋底跟造型见图81。

图81　鞋底跟造型

7. 款式结构图

按照前面章节直线、曲线的训练，运用单笔描绘或是衔接描绘的造型手法，整理描画出整齐干净的浅口鞋单款造型轮廓线条，要求线条流畅、有力量。描画鞋面的各个帮面分割线，线的尾端需要根据楦体的转折进行修改；注意帮面的上下衔接关系，分割部位要留出足够的压茬位置。多余线段和辅助标志都要擦拭干净，保证鞋稿画面的高度整洁。

在需要针车的位置，工整地描绘出针车线的造型，具体手法参照前面第五章第一节。在针车线造型过程中，注意针车线与轮廓线之间的距离要保持均匀，线段之间的距离也要基本一致。针车线结束的位置，即回车固定动作要准确，符合真实制作工艺。款式结构图见图82。

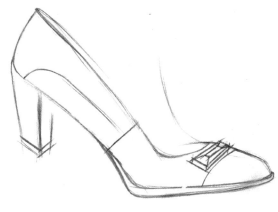

图82　款式结构图

8. 款式效果图

鞋款效果图鞋帮的素描表现，一是在脚外侧最凸点的位置，距离脚弓线约2mm处，描画一条明暗交界线，长度控制在鞋总长度的2/3，线条中间浓、两边淡，两端呈消失状态；二是在离开后跟线约2mm的位置，描画明暗交界线，长度控制在后跟长度的2/3；三是在距离脚背线2mm的位置，描画明暗交界线，长度控制在鞋脸长度的2/3。装饰物效果表现参照前面章节。

鞋底跟以素描手法进行块面的明暗效果处理。鞋跟的立体表现要关注整体效果，不必拘泥于细节的表现，加重上下一端的浓度，或加重左右一侧的重量，或将整个跟面直接涂黑，跟的内侧面可以保留空白。鞋掌钉的造型效果与鞋跟保持一致；前面大底也要做出一个基本调子，两侧素描表现可以简化成由深到浅的变化，在鞋外侧最凸出点处制造出一个高光效果；鞋底的宽度面（鞋底与鞋帮交界的地方）可以不做效果处理。

最后，区分鞋帮面上各个局部上下的关系，有压茬的地方，均可描画出阴影效果。帮面面积较大或较长的，也可只表现头尾处的阴影效果，款式效果图见图83。

图83　款式效果图

[作业1] 完成女式两节头款式铅笔稿一组。

[作业2] 完成女式两节头款式勾线稿一组。

[作业3] 完成女式两节头款式素描稿一组。

[作业4] 完成女式两节头款式色彩稿一组。

第二节　女围盖式造型

女式围盖鞋是女鞋中的经典款式之一，鞋盖部位可以变化形状、装饰物、颜色以及面料等，深受设计师青睐。

部件组成：鞋盖、围条、装饰片、装饰带。

难点：围盖轮廓线位置的准确表达。

1. 脚掌面的造型

以女高跟款式为例，鞋跟在左侧的摆放角度。先描画脚弓线、前跷线的造型，造型手法与两节头款式相同，可以参照前面内容。过脚弓线最左侧的位置，向内描画鞋掌后跟的鞋底轮廓线。脚后跟接触面的宽度控制在3cm左右，线条拐弯向下延伸。鞋掌面的内外线条呈基本对称状态，但外侧形态要比内侧成型更狭长一些；内外脚掌面的线条接近脚外侧最凸点时两边线条呈收紧状态，表现出脚掌面的最窄位置。之后，根据前跷线描画出前脚掌内侧形态线，前脚掌最宽部位是鞋外侧最凸点，与画面水平线成45°角画一条直线，描画出鞋头底部造型。前掌面造型见图84。

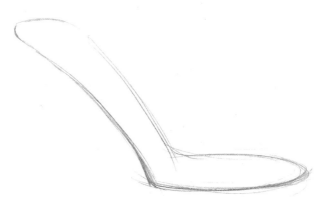

图84　脚掌面造型

2. 围盖造型

围盖是与鞋墙缝合在一起的。女高跟鞋的鞋墙部分造型请参考前面两节头款式。鞋墙下侧尾端，接近脚外侧最凸点位置，线条缓冲转折，画出鞋墙最窄的造型；线条继续向右侧拐弯，与鞋墙线段以大于90°角的形态配合前跷线，往右侧鞋头方向勾画出鞋楦边缘的形体转折线。

避开鞋墙最窄的位置，略微向前，开始描画围盖下面外轮廓线。鞋头对应的鞋盖位置要画出围盖的前端真实形状，以方中带圆居多。画出平行于鞋盖最前端线段的线段，完成鞋口的造型。围盖两边与帮面衔接的位置不宜过尖，也不能内外都画成一样的形状，围盖内侧的角可以略方一些，而外侧的角则可以处理得更加圆滑一些。围盖造型见图85。

图85　围盖造型

3. 底跟造型和面料造型

此款围盖鞋的底跟造型可以参照前面两节头鞋底的造型内容。画好鞋底跟的造型后，可以先寻找帮面上的各种分割线段，再描画细节，比如面料上的花纹。有些面料的花纹看起来很琐碎，但仔细分析，并没有多复杂，很多都是简单的花纹，以重复设计的手法出现。所以先找出面料花纹的共同点，以等于或大于原样式的比例描画即可。底跟造型和面料造型见图86。

图86　底跟造型和面料造型

4. 款式结构图

在造型过程中，要仔细观察整个鞋产品的款式结构，很多部位都是缝制了与面料一样颜色的线，初学者很容易忽略针车线的造型，实际制鞋工艺中，只有缝合方式不同（如内合缝工艺、外合缝工艺等）才会导致针车线的造型状态不同，多数时候都需要绘制针车线段。款式结构图见图87。

图87　款式结构图

5. 款式效果图

　　款式效果的表现依然是鞋帮外侧明暗交界线、脚背明暗交界线、后跟明暗交界线三组线条的造型，以及鞋底跟部位的明暗造型，都可参照前面女式两节头单鞋的素描效果表现技法，这里不再重复。然后，按顺序描画鞋帮面上各个局部有压茬的地方，填涂深邃的阴影效果；局部帮面的厚度以及缝线等工艺产生的细微变化，都可以用浅灰调表现。款式效果图见图88。

图88　款式效果图

[作业1] 完成女式围盖鞋款式铅笔稿一组。

[作业2] 完成女式围盖鞋款式勾线稿一组。

[作业3] 完成女式围盖鞋款式素描稿一组。

[作业4] 完成女式围盖鞋款式色彩稿一组。

第三节　女马鞍式造型

　　女马鞍式鞋是女凉鞋中的重要款式之一，其款式由于前面露脚趾，后跟部件条带固定结构类似马鞍造型，称为马鞍式。

　　部件组成：前帮带、后帮带。

　　难点：后跟条带马鞍式造型的正确表现。

1. 底跟造型

女式凉鞋由于穿着的实用性，款式的大部分鞋掌面是可以看得见的，是重要的造型部分。先绘制脚弓线，往前描画出前跷线，拐弯画出脚弓内侧线，分别完成脚后跟的掌面和内前脚掌的造型，具体造型步骤和技法可参考前面女围盖款式的内容。

连接脚弓线，描画鞋后跟线，注意外围鞋跟线段造型的运动位置，鞋跟的重心略微内移，内侧鞋跟线段末端尽量垂直于画面的水平线，增加鞋跟整体造型的稳定性；鞋外侧最凸点向鞋跟处移动大约2cm，根据实际底的高度描画凉鞋大底造型，到鞋头部位厚度线逐渐收拢，直至剩下约0.5mm的厚度，以垂线结束。底跟造型见图89。

图89　底跟造型

2. 帮面造型

标出脚背线和楦口位置，依托脚背线描画脚趾处前帮带造型。前帮带透视角度与鞋后跟内侧线一致，根据凉鞋帮带设计，画与鞋后跟内侧线段平行且交于脚背的线段；帮带尾端造型线条需要改变弧度，略垂直于画面水平线，表现出脚外侧肌肉的厚度；线条尾端衔接凉鞋大底上方线段，压在脚掌面材料之下，准确表达出凉鞋的制作工艺。调整前帮带造型的高度，要有容得下脚趾的基本厚度；对内侧前帮带的表现要注意条带的翻转穿插关系，条带宽度与外侧条带宽度保持一致，帮面造型见图90。

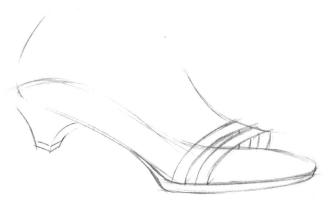

图90　帮面造型

条带上鞋花的具体塑造手法可参照前面章节，造型时注意鞋花的摆放角度，鞋花是平放在条带上的，鞋花的绘制角度要与条带一样，内外侧裸露的面积是不等的。后帮条带的造型应参考后跟线的位置，描画出外侧后帮条带，再描绘脚踝前面的绊带；对应画出后帮带的内侧线，角度是与外侧条带呈对称状态，长度、宽度基本一致。最后完成鞋扣造型，可参考前面鞋扣造型内容。鞋花造型见图91。

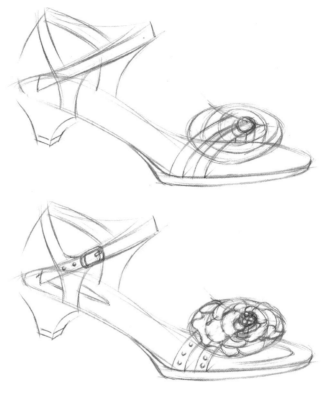

图91　鞋花造型

3. 款式结构图

修饰已经完成的帮面轮廓线，擦拭线条，提升线条的质量，尽量描画出浓淡一致、粗细一样的线条。整理所有帮面衔接的部位，衔接部分的线条全部要画到位，线与线的连接要明确，不能出现飞线、断线、重线等情况。检查帮面条带有穿插关系的位置，线条转折、翻转都要清晰正确。在帮面有压茬工艺的地方，属于外合缝工艺的设计，需要描画针车线的造型，具体请参照前面针车造型章节。根据材质进一步明确鞋花的轮廓线线条质量，边缘线段弧度处理要体现材质的柔软，中心镶嵌物的线条要体现金属、玻璃质地的坚硬，两种线条质量要有所区分。鞋扣的线条要加粗、加硬，边角做圆弧处理，调整鞋扣的内环宽度，强化扣针的细节处理。鞋底跟的外轮廓线条重新勾画，要加粗、加重，表现出鞋底的厚实。底跟的宽度面线条要仔细描画，确保以后部分款式可以在宽面绘制子午线等装饰线。款式结构图见图92。

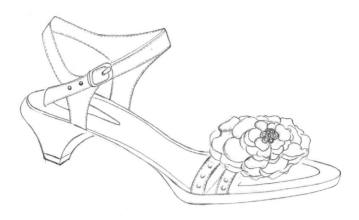

图92 款式结构图

4. 款式效果图

女单鞋的素描效果建议从鞋帮外侧开始描绘，多数凉鞋款式没有侧帮，可以直接从鞋带开始塑造。女式凉鞋鞋底跟的素描效果请参照女式单鞋的鞋底跟部分内容。女凉鞋款式帮面结构中条带居多，描画条带的素描立体效果，主要是绘制外侧条带的立体效果。在临近外侧条带结构线两侧的条带上纵向绘制一小段明暗交界线，在接近条带底部的位置绘制一小段横向明暗交界线，后帮条带的素描表现也是如此。款式效果图见图93。

图93 款式效果图

[作业1] 完成女马鞍式凉鞋款式铅笔稿一组。

[作业2] 完成女马鞍式凉鞋款式勾线稿一组。

[作业3] 完成女马鞍式凉鞋款式素描稿一组。

[作业4] 完成女马鞍式凉鞋款式色彩稿一组。

第四节　女中空式造型

中空式凉鞋，指凉鞋款式中有前帮与后帮，没有中帮，即中间呈裸露状态的凉鞋款式。

部件组成：前帮、后帮

难点：前后帮面位置的正确表现。

1. 帮面造型

本小节的女凉鞋造型，尝试先完成帮面造型。描画脚掌面的造型，注意脚弓线外侧最凸点位置需要做弧度处理，前脚掌面的内侧面线条弧度大于外侧面，过外侧最凸点，向脚趾尖方向描画一条线段，线条与画面水平线成45°角，是前脚掌最宽的部位。描出脚背和后跟的辅助线。具体步骤和表现方法请参考前面女鞋造型内容。帮面造型见图94（a）。

在脚背的辅助线上描画出前帮片，鞋口位置接壤脚背线的线条平行于底跟内侧线，或与画面水平线成30°角左右，鞋头部位线条注意保留高度，鞋头的线条处理成圆弧状，不宜过尖、过硬，见图94（b）。

沿着后跟线描画后帮片的线条。注意后帮片的长度，要包住整个脚跟部位的肌肉。后帮片靠鞋口的位置需要做弧度处理，靠近脚后跟的后跟片内侧线段要有一个明显的回落，后跟片的前端与鞋面缝合位置弧度要处理自然，见图94（c）。

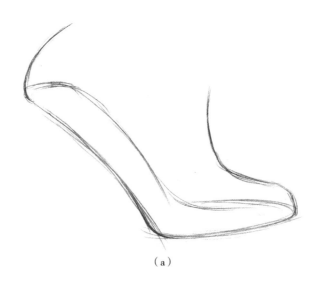

（a）

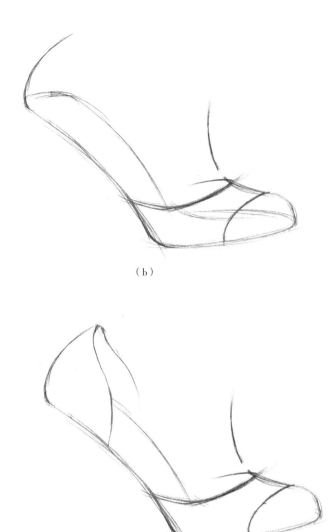

（b）

（c）

图94　帮面造型

2. 鞋底造型

　　此款中空凉鞋鞋跟造型比较夸张，在表现中建议先描画垂直于画面水平线的后跟中心线，保证跟型的稳定；在中心线上描画鞋后跟的形体，鞋跟内外侧形状既相似又不完全对称，后跟的外侧相对内侧更狭长一些。鞋跟中间的圆珠造型，则要注意上下衔接面的弧度。鞋跟底部的掌钉造型，以圆柱体底部造型的手法表现即可。鞋底造型见图95。

　　前掌面鞋底造型具体表现手法可以参考前面章节。

图95　鞋底造型

3. 装饰造型

　　前帮造型有裁断设计，画缝合线的时候，注意线段弧度与口门线中段平行。根据针车线的造型手法，依次画上缝合线。前帮有蝴蝶结设计，先描画蝴蝶结的中间固定点，再描画两边的造型；偏内侧的蝴蝶结长度只有外侧长度的1/2或2/3；观察蝴蝶结的材质，像绸缎布等软材质，两边外轮廓线不要画得太僵硬，略微画些波动的线条。然后，描画蝴蝶结下面的装饰面料，先画黑色装饰边，再画面料中间的圆孔。造型中圆孔的面积需要控制，正常孔的直径在2mm左右；孔的排列为直线或斜线，在直线或斜线上画圆，具体可参照冲孔的造型。

　　后帮造型也先画分割线，再画装饰孔或其他。装饰造型见图96。

图96　装饰造型

4. 款式结构图

整理鞋帮的轮廓线，整理线条中明显重合、反复交叉以及部分没画到的地方；再次明确帮面分割的上下关系，对缝合线在外面的结构画上针车线，具体请参照前面针车线造型；整理装饰片上的冲孔，孔的排列整齐有规律、符合生产工艺流畅的要求。调整蝴蝶结的结构造型，中央线条收紧，线条描画起伏小一些；边缘线条放松，线条描画起伏大一些；对蝴蝶结的中间固定结构描画厚度线，检查穿插的结构关系；对底跟的外轮廓线重新描画加重，注意内外侧的相对对称的微妙关系。款式结构图见图97。

图97　结构效果图

5. 款式效果图

中空凉鞋中前帮、后帮帮面与条带相比，面积上还是比较大的，可以参照女单鞋帮面的素描表现技法来表现。离开前帮外侧轮廓线约5mm，用铅笔或自动铅笔左右擦拭，描画明暗交界线；离开前帮脚背轮廓线约5mm，用铅笔或自动铅笔描画明暗交界线，颜色、线条长度都不要超过外侧明暗交界线；离开后帮脚跟线约5mm，用铅笔或自动铅笔描画明暗交界线，延伸至后帮的外侧轮廓。判断帮面缝合的上下关系，在上面的帮面边缘描画适量的阴影。蝴蝶结的表现关键是干净整洁，褶皱处可以稍微涂画阴影和厚度线。款式效果图见图98。

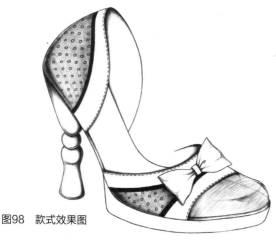

图98　款式效果图

[作业1] 完成女中空鞋款式铅笔稿一组。

[作业2] 完成女中空鞋款式勾线稿一组。

[作业3] 完成女中空鞋款式素描稿一组。

[作业4] 完成女中空鞋款式色彩稿一组。

第五节　男中开缝式造型

中开缝式鞋是很有特色的一种款式，以前帮背中线为界，将鞋帮分为内、外怀两部分，通过合缝等其他工艺将其缝制成鞋。这类鞋款外形美观，前帮清爽，线条流畅，别具一格。

部件组成：前帮外片、前帮内片、橡筋布、后帮片、保险皮。

难点：中缝合缝的设计表现。

1. 帮面造型

先完成基础轮廓造型，再画中缝造型。描画脚弓线后半段线条，过外侧最凸点画15°上扬的前跷线，根据外侧脚弓线画出男鞋脚掌面。男鞋脚掌面造型与女鞋脚掌面造型不同，基于男性脚部结构特征，男鞋鞋后跟掌面造型更加方正些，前掌面造型比女鞋宽敞、肥大，鞋头形状处理不宜过尖、过圆。

在鞋脚掌面轮廓的基础上，描画鞋底跟。在脚弓线外侧最末端，描画一条垂直于画面的水平线的线段，长度约2.5cm，为鞋跟的后侧线，标出鞋跟高度。再描画一条平行于脚弓线的线条，末端交于垂直线，线条长度约为男鞋总长的1/4，为鞋跟的长度。然后，将表示鞋跟高度的垂线与表示鞋跟长度的平行线交接形成的直角做圆弧处理，表示后跟线条向内侧转折延伸。在后跟长度线段的前端，描画与垂线平行的线段，该线段与鞋跟底部线段形成的直角不必处理，其造型已经符合男鞋产品实际造型。在距离脚弓线外侧最凸点约0.5cm处，描画一条与脚弓线前端成基本平行状态的线条，该线条接近鞋头部位逐渐收紧。在鞋底最前端位置，距鞋掌面最前端2~5mm，描画同样垂直于鞋子摆放水平线并且平行于鞋后跟高度线的线段，表示鞋底的厚度；鞋跟与前脚掌鞋底之间，平行于上方脚弓线0.5cm处描画线条即前跷线。帮面造型见图99。

2. 鞋耳造型

描画脚背线，脚背部位线条坚挺，脚趾末端线条回落，脚尖上方线条重新向上，表现出一定的高度。鞋舌的造型，在脚背线的尾端，描画一条与鞋后跟内侧线平行的弧线，弧度内外凸，长度为2~3cm。描画鞋后跟线，参考鞋摆放水平线偏向画面中心成60°角，后跟线2/3处为最突点，后跟高度约为5.5cm。在后跟线的顶端，描画鞋后帮

图99　帮面造型

线，交于后跟线处为最宽，向内画逐渐压低线条，在距离鞋舌长度约2/3处为最低落点；之后，线条上扬，在距离鞋舌线0.5cm左右处描画平行于鞋跟内侧线的平行线，作为鞋眼片的一部分线条。确定距离脚背线1cm左右为两片鞋眼片的中间位置，内耳的末端线条造型是合并在一起的；将此线条延伸到鞋头，衔接鞋底前端，为此款男鞋的中缝线段造型。描画鞋耳外轮廓线条，弧度处理必须尊重男鞋楦体本身的转折。描画鞋后跟片、装饰条等部件。在鞋眼位置，先描画一条中心线，在此线段上依次画出等距离的鞋眼，内侧鞋眼可以省略不画。画鞋带，参考前面鞋带造型的内容，也可以省略（部分男鞋样品鞋造型中没有系带）。鞋耳造型见图100。

图100　鞋耳造型

3. 款式结构图

根据人机学原理、男鞋楦型基本数据调整整理各段线条，用高质量的线条表现鞋帮面、鞋底跟结构。根据款式工艺制作流程，在帮面压茬的部件上画缜密的针车线；在帮面上设计有装饰线的部位画上针车线，部分款式中装饰线是多道线，如双行线、三行线等，后面的线在造型中都要以第一道针车线为标准，尽量对齐每一节线段，体现工艺的工整性和规范性。最后，描画上装饰图案或面料纹路。款式结构图见图101。

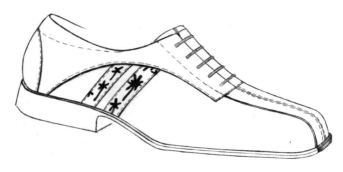

图101　款式结构图

4. 款式效果图

男鞋款式效果图的表现手法，可参照女鞋款式效果图。在鞋帮外侧中心位置、鞋后跟线中心位置、脚背线中心位置分别描画明暗交界线。在后帮压茬位置、鞋眼片压茬位置、中开缝压茬位置以及装饰片的压茬位置，紧贴各部件的轮廓线段，都用自动铅笔反复描画轮廓线，线条逐渐往外延伸，慢慢变淡，描绘出阴影效果。可优先描画压茬部位的上下衔接位置的阴影，中段根据时间要求进行调节。在鞋面各个帮面的四周、轮廓线的内侧和距离轮廓线2～3mm处描画上浅灰调子，表现出帮面本身的厚度。鞋底跟的明暗与女鞋效果图表现一样，后跟方块由深变浅，只需要表现一个基本调子；鞋面大底前端部分，也是由深变浅到高光部位一个调子的变化；注意前后鞋底的调子衔接。款式效果图见图102。

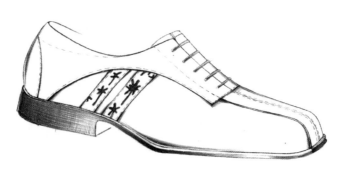

图102　款式效果图

[作业1] 完成男中缝鞋款式铅笔稿一组。

[作业2] 完成男中缝鞋款式勾线稿一组。

[作业3] 完成男中缝鞋款式素描稿一组。

[作业4] 完成男中缝鞋款式色彩稿一组。

第六节　男偏扣（带）式造型

偏扣（带）式是内怀鞋耳演变成绊带，绊带绕到外怀鞋耳并通过各种形式与其结合。包括偏扣式和偏带式两大类款式。

部件组成：内外半围条、开包头式帮面、鞋舌、外怀鞋耳、内怀鞋耳绊带、保险皮。

1. 帮面造型

男偏扣（带）式是男单鞋的一种，帮面造型的步骤和技法请参照前面男中缝式鞋。先描画脚弓线、前跷线，再描画后跟线、脚背线、鞋舌线、鞋后帮轮廓线，完成基本轮廓线造型。其中，注意鞋款楦头型的设计，小圆头、圆头都可以参照前面画法，无角度表现；如果楦头呈方形，则需要在楦头位置描画出一小段与鞋内侧线平行的线段，用方形鞋头的透视角度表现。

描画外怀鞋耳，造型技法参考前面中缝款式的外鞋耳造型技法，低于鞋舌0.5cm描画鞋舌的平行线，距离脚背中心线0.2cm描画鞋耳的内侧轮廓线，再画一条平行于鞋舌的线段，完成外怀鞋耳的轮廓造型。然后，描画鞋耳绊带，造型手法类似于女鞋绊带的表现技法，但绊带宽度为2~3cm；靠近鞋舌的绊带边缘轮廓线多平行于鞋舌线，靠近鞋头的绊带边缘根据设计画出相应的弧度线段。绊带的长度以接近外帮的中间部位为宜，千万不能到达或几乎到达脚弓线线条。男式绊带上鞋扣的宽度应大于绊带的宽度，穿过鞋扣的绊带线条略微拱起，体现一定的厚度，具体技法请参照前面鞋扣造型章节。帮面造型见图103。

图103　帮面造型

2. 底跟造型

请参考男中缝式底跟造型。沿脚弓线描画鞋跟外侧高度线，长度约为鞋后跟线总长的1/2，即2.5cm；鞋跟长度约为鞋款整体总长的1/4，鞋跟内侧高度线依然与鞋舌线或相应线段平行；鞋大底前段厚度线根据实物实际高度进行造型，一般可以将前面大底的高度和后跟高度比设置成1:2或1:3。鞋底如有装饰线，则在画鞋底高度线段时头尾两端都要画出0.2cm的宽度线。描画与脚弓线平行的线段，即鞋底宽度线，在宽度线的中间位置可以描画子口线（装饰线），技法参考前面手缝线造型。鞋跟的纹路可以描画一定距离的单线条来表现；鞋底的纹路则可以描画更加紧密的等距离单线条来表现。底跟造型见图104。

图104　底跟造型

3. 款式结构图

整理前面的线条，提升整体线条的质量。初学者可以按照前面造型的顺序，从脚弓结构线开始，整理底跟结构线、脚背结构线、鞋口线以及脚背的绊带线段等。整理中，线条的要求请参考前面直线、曲线的相关内容。

初学者应学习区别面料与饰扣的线条起伏与硬度，使款式整体结构线更加清晰明朗。在款式轮廓线上，进行针车线、装饰线等线段的造型，针车线造型中注意线段间距的控制，可通过仔细观察鞋款产品实物的局部，寻找到正确的规律；描画饰扣线条时需要加强线条的硬度和浓度，描画出饰扣的厚度线，单体鞋扣造型时需要调整近大远小的透视效果。若是鞋扣上有针眼结构，在描画针眼时注意控制针眼的线条和针眼之间的距离。部分款式还需要注意针车线与装饰线在造型及表现上的区别。最后，用橡皮擦拭画面多余线条，保持画面的高度整洁。款式结构图见图105。

图105　款式结构图

4. 款式效果图

在距离脚弓线0.2cm处描画明暗交界线，交界线中间颜色浓、两端逐渐变淡，交界线长短可自由控制，逐渐成消失状态；在距离后跟线0.2cm处描画明暗交界线，交界线中间颜色浓、两端逐渐变淡，直至消失不见，交界线长度在0.5～1cm。距离脚背线0.2cm处描画明暗交界线，由于是朝上的帮面，线条整体浓度要比其他两条交界线淡一些。帮面各个上下压茬的结构线需要描画阴影，阴影线需要紧贴结构线，也可以在结构线位置上反复描画，直至涂黑，然后用铅笔或自动铅笔慢慢向外做晕染效果，由浓变淡。大帮面的阴影可以做多，小帮面的阴影做少，保持整体的黑白灰效果。帮面本身的厚度线表现请参照前面相关章节。

男鞋款式鞋底的具体效果表现请参照前面章节。

值得一提的是款式中饰扣的效果表现。重点勾画饰扣的边缘轮廓线，再次强化它的硬度。在饰扣右下侧拐弯位置，描画上下两条明暗交界线。下侧交界线效果加强，中间浓，两端成消失状态；上侧交界线长度、浓度都适当降低、减弱。在对应的左上角处，以同样手法再描画上下两条明暗交界线，处理手法同上。加重饰扣的阴影，突出立体效果和空间效果。款式效果图见图106。

图106　款式效果图

[作业1] 完成男偏扣鞋款式铅笔稿一组。

[作业2] 完成男偏扣鞋款式勾线稿一组。

[作业3] 完成男偏扣鞋款式素描稿一组。

[作业4] 完成男偏扣鞋款式色彩稿一组。

[作业5] 完成男偏扣鞋款式配色一组。

[作业6] 完成男偏扣鞋配件一组。

第七节　男横条舌式造型

暗橡筋横条舌式男鞋是鞋类中最常见的款式之一，这类鞋在穿脱时非常方便。此鞋款一般断帮位置在横条下面，同时横条也起到装饰作用。

部件组成：围条、鞋盖、横条、内怀后中帮、橡筋布、外包跟。

1. 底跟造型

有些设计师习惯从底跟开始造型，理由是男单鞋底跟大部分都是以常见的方块底为主，其造型比较单一，有利于保证款式造型的准确度。先进行底跟的造型，也是描画脚弓线、前跷线，直至描画出完整的脚掌面线条，具体造型步骤参考前面相关内容；然后，描画鞋跟、鞋底的高度和长度线，连接底跟中段；描画鞋跟内侧线，检查鞋底宽度线段等。底跟造型见图107。

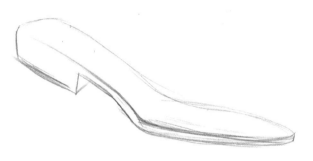

图107　底跟造型

2. 帮面造型

在鞋底上方，描画脚后跟线、脚背线、鞋舌线、鞋后帮轮廓线，完成结构线的基本造型。此款，鞋舌造型是重点。沿着鞋舌靠近鞋口的线段描画鞋舌的轮廓线，以鞋头位置为前，鞋口位置为后，鞋舌的形状是前面小、后面大，前面为小圆、后面为方中带圆的形状。在刻画鞋舌外轮廓线时，以脚背线为参考线，造型时从后段开始描画，开始与脚背线平行，往前逐渐收拢，线条靠近鞋头时只保留一小段弧度线条。然后，从鞋头方向开始描画围条轮廓线，开始阶段与鞋舌后端平行，往鞋口方向缝隙逐渐变大，过外侧最凸点2cm左右，完成围条造型。描画鞋后帮片，单侧帮片长度参考鞋跟长度。在距离鞋舌2cm左右处描画横条线，以两条平行线为佳，线条末端收于鞋舌边缘。在横条上描画相应的装饰配件、装饰线等。

其中，鞋舌的轮廓线造型必须严格控制在楦体转折线上方，也就是脚背的曲度面之内，鞋舌轮廓线极少在转折线下面，也符合工艺制作要求，否则影响美观。帮面造型见图108。

图108　帮面造型

　　建议初学者尽量采用同一个角度的造型来表现，像男单鞋，很多帮部件造型都是一样或相似的，相同角度降低了造型难度，有利于前期造型的准确度。等掌握了一个角度的造型技巧后，建立了自信心和经验，再去尝试其他角度。

　　3. 款式结构图

　　整理款式外轮廓线，调整造型中不太理想的线条，如出现分叉、交错、断裂的线条，用橡皮等工具进行修改，提高线条的质量。整理分割面上下关系、装饰配件与帮面上下关系，在上面的帮面缝合处描画适当的针车线。款式结构图见图109。

图109　款式结构图

4．款式效果图

在款式结构图的基础上，做出鞋底的明暗块面效果，注意保留高光。在鞋帮面各个部位描画明暗交界线，在分割面边缘做出阴影效果、面料厚度效果，表现出装饰配件的质感等。款式效果图见图110。

图110　款式效果图

[作业1] 完成男横条舌式鞋款式铅笔稿一组。

[作业2] 完成男横条舌式鞋款式勾线稿一组。

[作业3] 完成男横条舌式鞋款式素描稿一组。

[作业4] 完成男横条舌式鞋款式色彩稿一组。

[作业5] 完成男横条舌式鞋款式配色稿一组。

[作业6] 完成男横条舌式鞋装饰配件造型一组。

第八节　男整帮外耳式造型

整帮外耳式男鞋的特征是鞋耳位于前帮口门之外，后帮叠缝在前帮上面，前帮为整帮结构，是男式低腰鞋中具有代表性的经典款式之一。

部件组成：前帮片、鞋舌、后帮鞋耳、保险皮。

难点：内外鞋耳片的造型表现。

1．底跟造型

根据男单鞋方块鞋底的造型惯例，描画外侧脚弓线，通过脚弓线画出内侧脚掌轮廓线。沿外脚弓线向下描画鞋底跟线段，造型步骤和表现技法参考前面相关内容。底跟造型见图111。

图111　底跟造型

2. 帮面造型

参考前面男鞋帮面的造型步骤，在鞋底跟轮廓线上描画出脚背线、后跟线、鞋口线。在距离脚背线约1cm处，画出画一条与脚背线平行的线，作为外鞋耳片的内侧轮廓线，沿着内侧轮廓线再画一条与鞋跟内侧线平行的线，作为鞋耳的内轮廓线；在距离鞋耳的外轮廓线段约1cm处，再画一条淡淡的直线，在直线上标出等距离线段，画上间距相等的鞋眼，具体造型步骤和技法请参考前面鞋眼有关内容。在距离脚背线0.5mm处也画一条与之平行的线，作为鞋耳内线，其前端和后端线条的造型手法与鞋耳外轮廓线相同。内侧鞋耳片的鞋眼是不用刻画的。画出鞋后跟片，完成整个帮面的造型。帮面造型见图112。

图112　帮面造型

3. 款式结构图

整理款式所有结构线，擦去画面上与结构线无关的线。后期需要提升线条的质量。在画的过程中始终要保证线条是流畅、通顺、有力量的。在帮面压茬的地方画上针车线，注意针车线与鞋底装饰线的造型区别，具体参照前面相关内容。款式结构图见图113。

图113　款式结构图

4．款式效果图

　　鞋底跟做块面明暗效果处理，保留一道高光位置。在帮面鞋帮外侧、脚背线内侧、脚后跟内侧做明暗交界线处理。内外鞋眼片也做适度的厚度效果处理。鞋眼也可以尝试着做一部分的突出效果。款式效果图见图114。

图114　款式效果图

　　[作业1] 完成男整帮外耳式鞋款式铅笔稿一组。

　　[作业2] 完成男整帮外耳式鞋款式勾线稿一组。

　　[作业3] 完成男整帮外耳式鞋款式素描稿一组。

　　[作业4] 完成男整帮外耳式鞋款式色彩稿一组。

第八章
鞋类款式设计

第一节　浅口鞋设计

定义：浅口鞋是指鞋面浅得露脚面的单层皮或单层布的鞋，是非常普遍的女鞋款式。

一、素材收集

作为一名合格的鞋类设计师，在开始款式设计之前，必须进行相应款式的市场调研，收集资料，为设计做好准备。素材的收集就是市场调研的第一步，设计师通过各种渠道，浏览国内外的知名品牌，以文字或图片的形式，对素材进行整理归类，为款式设计提供参考，见表1。

企业对应岗位——前期调研。

表1　女浅口鞋素材收集

品牌	类型	特点	体会	案例
Alexander MCQueen（亚历山大·麦昆）	浅口 真皮蝴蝶结 水台 细高跟	柔软真皮与丝绒蝴蝶结装饰	为都市造型增添奢华高贵气质	
祖云尼柏	浅口 金棕色 珠光面料 酒杯跟	鞋面立体简约淑女装饰	设计毫不繁复	
Sam Edelman	浅口 尖头 渐变色 细高跟	银河系闪面料	灰白渐变到黑，简约不失时尚	

续表

品牌	类型	特点	体会	案例
Prada（普拉达）	浅口 尖头 印花 细跟	65弹力针织面料、真皮	针织帮面，红、蓝、白三色，时尚中透着生活气息	
Manolo Blahnik（马诺洛）	浅口 尖头 蟒蛇皮 细跟	白色压纹，清新淡雅	抛弃了传统蛇纹给人的感受，却仍然保留了一丝狂野的气息	
Valentino（华伦天奴）Garavani系列	浅口 尖头 迷彩 细高跟	采用颇具新意的棕色迷彩	微微上扬的鞋尖对缓解足尖压力大有益处	
TORY BURCH（汤丽柏琦）	浅口 尖头 裸色 金属包头 高跟	以浪漫唯美的裸色真皮打造	展现简约优雅的个性	
STUART WEITZMAN（斯图尔特·韦茨曼）	浅口 小圆头 金属闪光 木质坡跟	鞋面闪亮别致	软木坡跟鞋底轻便舒适	
STUART WEITZMAN（斯图尔特·韦茨曼）	浅口 尖头 小牛皮 细高跟	尖头搭配细高跟，华丽的小牛皮为其披上动人光泽	自足尖透出性感诱惑	
STUART WEITZMAN（斯图尔特·韦茨曼）	浅口 尖头 金属银色 细高跟	整双均银色亮面漆皮	渗透着柔美气息	
STUART WEITZMAN（斯图尔特·韦茨曼）	浅口 尖头 黑色绒面 大粗跟	粗跟设计，配合流畅廓形	黑色麂皮素雅大气	
Sam Edelman	浅口 尖头 红色绒面 细高跟	颜色艳丽	鲜艳的红色成为整体亮点	

二、速写速绘

速写速绘，就是在市场调研中，现场对有用款式的一种记录形式。鞋类款式的速写速绘是在几分钟甚至是几十秒的时间内，快速、娴熟地实现对鞋类产品款式的表述。

企业对应岗位——美工。

以下是针对女式浅口鞋进行的部分速写速绘手稿，见图115。建议初学者在训练过程中，对新出的代表性款式尽量刻画全面，为系列设计提供充足的素材；也可以只描画款式设计的局部，记录设计中的亮点部分，以节约时间，提高效率。

图115 浅口鞋速写速绘

三、素描造型效果图

初学者可以先学习单个款式造型。款式造型规格建议以1:1的比例为宜，在A4打印纸上练习单个款式造型。只有掌握了单款造型，保证了产品造型的质量，才能有效地进行系列款式的设计。

下面以浅口鞋高跟款式鞋跟在左侧的摆放角度为例。

1. 帮面造型

描画脚弓线、后跟线、前跷线等辅助线。前跷线靠近鞋头部位，还要有一个上扬5°左右的曲度造型，称为小前跷，小前跷造型为前跷能顺利衔接整个鞋头部位做技术准备。然后，在脚弓线上方脚背的位置，画出脚背线；画出后跟线。具体造型步骤和技法请参照前面女鞋款式造型。单款造型见图116（a）。

描画鞋口线段。浅口鞋的造型特征是鞋脸很短，刚刚遮住脚趾。建议初学者从脚后跟的鞋口线开始，从高处往低处描画，画到脚踝骨下端时，线条略微往外走，这个位置的线条要贴紧脚踝骨的下方，保证鞋的跟脚性。然后继续往下画鞋帮的线条，直至接近脚外侧最凸点的上方，为鞋口线段在脚背处的最低落点，线条在此处做好缓冲，以与水平线成30°角度描画款式口门位置。衔接脚背线，反手描画圆弧线，内外侧是基本对称形态，内侧线条可以部分省略，见图116（b）。

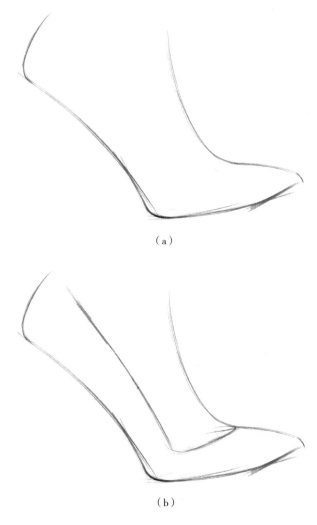

（a）

（b）

图116　帮面造型

2. 底部造型

鞋面轮廓线完成,贴合脚弓线描画底跟造型线段。在距后跟线出来约0.5cm的位置画弧线,衔接描画后跟轮廓线,后跟外侧线段向内描画,后跟的重心在后跟中心下移的位置上。注意后跟的下半段造型中,尽量画一节能基本垂直于画面水平线的线段,确保跟造型稳定。后跟的内侧轮廓线是不与外侧轮廓线对称的,后跟的内侧上方呈倒勾状衔接于鞋底;后跟的底部要根据鞋跟的形状描画鞋掌钉的造型,前脚掌的鞋底造型以外侧最凸点下方的厚度最大,描画前脚掌的平行线段,或根据透视变化往鞋头部位的两条线条逐渐收紧距离变窄。底跟造型见图117。

图117　底跟造型

3. 款式结构图

按照前面直线、曲线的训练,运用单笔描绘或是衔接描绘的造型手法,整理描画出整齐干净的浅口鞋单款造型轮廓线,要求线条流畅、有力量,不能有明显抖动、起伏、结头的问题。再一次描画鞋面的各个帮面分割线,梳理帮面线的上下左右穿插关系,线条的尾端需要根据楦体的转折进行修改。注意帮面的衔接关系,分割部位要留出足够的压茬位置,外合缝工艺的地方要画出针车线。多余的线条和辅助标志都要擦拭干净,保证鞋稿画面的高度整洁。款式结构图见图118。

4. 款式素描效果图

素描明暗效果表现重点在三个地方:一是脚外侧最凸点的位置;二是后跟线的位置;三是脚背线位置。具体表现步骤和技法请参考前面女鞋款式。款式效果图见图119。浅口鞋的绘制可扫二维码19学习。

图118　款式结构图

图119　效果图

二维码19

四、系列设计结构图

浅口鞋设计的造型变化集中在头式和前鞋口部位的装饰上，结构变化相对简单，建议参照企业设计流程先确定楦头形状和底跟形状，进行同楦同底的系列设计。浅口鞋的帮面设计以面料、颜色、饰扣变化为主，加上绊带等细节设计，要遵循好看好做的设计原则。

下面以装饰配件为设计点，采用尖头、高跟、圆形口门设计，同楦同底进行系列设计，见图120。第一款设计，口门装饰了秀气精致的透明鞋钻，精致明朗；第二款设计，口门镶嵌一个复杂贵重的装饰扣，雍容华丽；第三款设计，口门镶嵌一个重工流苏的钻石装饰，边上搭配小巧精致的花型钻石装饰，设计上显得有点累赘；第四款设计，口门装饰的是一个方形的、镶嵌红宝石的装饰扣，简洁大方。

企业对应岗位——鞋类设计师。

图120　浅口鞋系列设计图

五、同款配色图

在相同的款式中，初学者可以选择其中的一款进行复制，尝试用不同的颜色进行同款的配色实验，同款配色见图121。第一款设计，鞋面主调是黄色，配色是白色鞋饰品，鞋底也点缀黑色，色彩鲜亮；第二款设计，帮面颜色改用清爽的墨绿色，为整体注入了时尚的活力；第三款设计，采用紫罗兰为主调，配合黑色细高跟，整体设计相对沉稳高贵；第四款设计，同色鞋跟托包覆细高跟和鞋底，富有美感且优雅。

企业对应岗位——电脑配色。

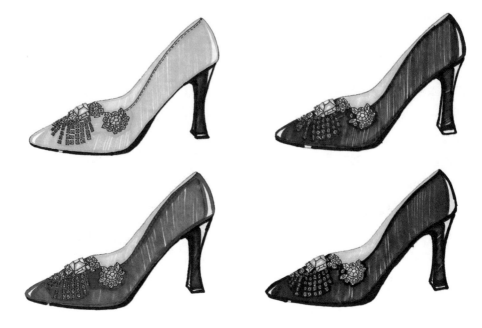

图121　同款配色

六、系列设计效果图

　　浅口鞋款式在设计中受到款式结构的限制，只强调鞋脸一定要短，鞋脸长度以能挡住脚趾缝为宜，帮面上尽量不做分割处理，保持完整的结构。因此，浅口鞋款式的设计点集中在款式的面料、颜色、口门的形状、底跟的形状以及装饰配件的变化上。

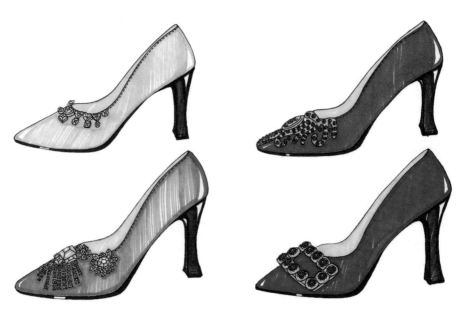

图122　系列彩色设计

系列彩色设计见图122。第一款设计，粉红色羊皮面料和高质量的钻石，体现含蓄明朗的少女气息；第二款设计，深蓝色羊皮面料，饰扣中心为重金属，四周围条状金属托镶嵌小颗粒钻石，体现雍容华贵的熟女风格；第三款设计，裸色羊皮面料，装饰件由中间的一个大颗粒钻石和四周装有小钻石的流苏条组成，外侧还配置了一个小装饰件，体现豪镶重工的华丽设计风格；第四款设计，正红的羊皮面料，面料与装饰扣的颜色遥相呼应，形成了浓烈大胆的设计风格。

[作业1] 完成女式浅口鞋款式采集（可局部）效果图1张。

[作业2] 完成女式浅口鞋单款（大稿）铅笔造型效果图1张。

[作业3] 完成女式浅口鞋（小稿）同楦同底系列款式12个。

[作业4] 完成女式浅口鞋勾线练习8个。

[作业5] 完成女式浅口鞋同款配色练习8个。

[作业6] 完成女式浅口鞋不同款涂色练习8个。

第二节　一字凉鞋设计

定义：凉鞋（Sandal），是一种脚趾外露的鞋类，通风凉快似拖鞋，不过凉鞋比拖鞋的鞋底厚，有鞋尾，用料多一点。一字凉鞋，指前面是一字型横带设计的款式。

凉鞋可分多种类型，有平跟、坡跟、高跟等。因为有着极其简单的构造，凉鞋是人类历史上最早出现的足部用品，它是从原始的包裹物演变而来的。古代文明时期都曾经出现过凉鞋，而且它们的外观结构看起来是在一副坚实的鞋底上绑系着带子或绳。早在公元前3500年，埃及人用草绳编结成和脚的大小相符的鞋底，并用生牛皮带把它们固定在脚上。这种凉鞋非常实用，穿上它们可以使脚底免受干燥、粗糙地面的损伤，不足之处是脚面暴露在白天。

一、素材收集

素材收集，除了到专业市场上观察专业面料，还可以通过各个电子平台、专业杂志浏览国内外品牌的款式，比如说本季度女凉鞋什么面料比较好用，或者说这段时间企业设计师都热衷于什么面料，什么面料卖的比较好等等，都是设计的一种信息，女凉鞋素材收集见表2。

表2　女凉鞋素材收集

品牌	类型	特点	体会	案例
Paul Andrew（保罗·安德鲁）	麂皮一字凉鞋，高跟	大气的红色麂皮	廓形独特，鞋跟加入金属拼接，增加一份前卫感	
SW Nudist（斯图尔特·韦茨曼）	一字带凉鞋，高跟	脚踝处也有细带	非常优雅	
SW Nudis（斯图尔特·韦茨曼）	一字带凉鞋	黑色、裸色款依旧受宠	最百搭的经典黑色款	
Manolo Blahnik（莫罗·伯拉尼克）	一字凉鞋	跟高从SW Nudist的10cm缩到了7~8cm	相比SW Nudist宽了一些	
Álvaro 的 "Alberta"	手工技艺，意大利制成	金橘色黄貂鱼皮和茶色皮革的材质，鞋跟高约1.8cm	简洁的款式，奢华魅力	
By Far	蛇纹凉鞋	整体全蛇纹覆盖	简约中透露出一丝野性	
Ancient Greek Sandals（古希腊凉鞋）	水蛇皮一字凉鞋	受传统建筑、陶艺和神话影响，鞋跟高约1cm	呈现出柔美的裸粉色调	
Ancient Greek Sandals（古希腊凉鞋）	一字凉鞋，手工精制	配有麻花编织的外绕式踝部绊带	稳妥的穿着感	

品牌	类型	特点	体会	案例
Ancient Greek Sandals（古希腊凉鞋）	简洁一字凉鞋	不对称细带环绕于足部，并以搭扣踝带固定，鞋底厚约1cm，浅棕色皮革	永不过时的经典之作	
Aquazzura	意大利制成，精致的"Linda"凉鞋	闪亮的金色皮革，配有纤细的脚趾饰带	呈现极为精致优雅的风格	
Gianvito Rossi（吉安维托）	一字凉鞋	鲜艳夺目的色调可点亮任何装束，鞋跟高约10cm，红色绒面革，搭扣踝带	完美诠释了简约优雅	

二、速写速绘

凉鞋的速写速绘，重点是采集新颖的楦体、别致的底跟和环保类面料，还要关注流行珠宝镶嵌混搭元素的质地形态变化，以及新型面料颜色变化。一字凉鞋由于前帮是一字型横条带结构，在一定程度上限制了产品设计空间，设计重点在条带、后帮带的工艺设计，材质、颜色饰扣的造型变化等。一字凉鞋速写速绘见图123。

三、素描造型效果图

下面以鞋跟左置、全侧面略带俯视角度为例，进行一字凉鞋的单款造型。

参照前面高跟浅口款式的脚弓线造型步骤，完成凉鞋基础线条的造型。脚弓线尾端的线条（接近后跟线位置）向内，即画面中心旋转，以零角度或者是小角度完成后跟鞋面部分的造型；后跟鞋掌面的形状以方中带圆为宜，内外脚掌线成基本平行，向鞋掌中心略微收拢；继续向下描画内外脚掌线，前脚掌面形成一个侧面俯视略带圆形的不对称形状。然后，画后跟条带，具体造型手法请参考前面女式凉鞋。

条带式或前后空等凉鞋的脚背线的造型会很短，初学者往往会刻意省略这一步。为了造型的严谨性，还是建议初学者画出凉鞋的脚背线，在脚背线的基础上，根据实际款式描画前帮带造型；条带的转折可以刻画内外侧两个面，视后帮带的透视情况刻画宽度面，透视不是很大的话，就不要刻画宽度面，见图124（a）。

Ancient Greek Sandals

Gianvito Rossi

一字凉鞋使用蛇皮纹
路更具特色

L'autre Chose

图123　一字凉鞋速写速绘图

　　整理一字凉鞋的造型轮廓线段，明确前帮带、后帮带的穿插转折关系以及底跟等部位的结构线；在帮面条带压茬的地方画上针车线；重新勾勒鞋扣的线条，加强线条的硬度，表现鞋扣的金属质地，见图124（b）。一字凉鞋的绘制可扫二维码20学习。

（a）

（b）

图124　一字凉鞋结构图

二维码20

四、系列设计结构图

　　女式一字凉鞋系列设计需要注意设计风格的统一。如休闲类设计风格前帮带较宽，后帮带宽度设计参照前帮带，不宜太细，饰扣以简单大方的外形为主，底跟多采用平跟、中跟；时尚类设计风格前帮带较细，后帮带也要参照前帮带的宽度，饰扣要更加精致细腻，底跟多采用中跟、高跟。

　　下面以前帮一字条带结构变化为主，采用小圆头、坡跟，后跟帮带基本不变，同楦同底进行系列设计，见图125。第一款设计，前帮条带设计成上下两层的部分重合式条带，做了固定扣的设计，上面条带开缝设计，坡跟鞋底后跟部位设计了几个几何形状图案，体现了夏天清凉可爱的设计风格；第二款设计，前帮条带设计成内外两节的交接式条带，固定部位做了车线的缝合设计，外侧的条带进行了图形状的装饰线设计，坡跟鞋底后跟部位设计了几个小的三角形图案，体现了温润细腻的设计风格；第三款设计，前帮条带设计成常规宽度的一字型条带，条带上进行了数条平行的装饰线设计，并放置了一小枚鞋花装饰，坡跟鞋底后跟部位设计了几个大小不一的圆形图案，体现了热烈欢快的设计风格；第四款设计前帮条带设计成常规比较宽的条带，条带上设置了方形鞋扣设计，坡跟鞋底后跟部位设计重复的圆弧图案，体现了神秘优雅的设计风格。

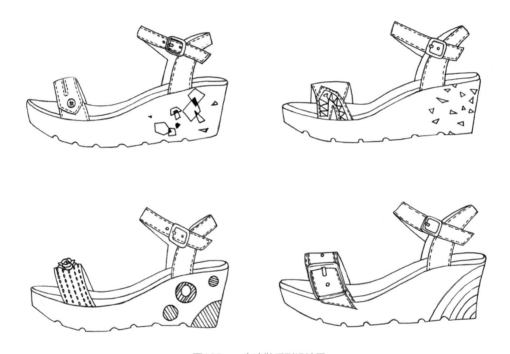

图125　一字凉鞋系列设计图

五、系列设计效果图

一字凉鞋系列设计效果图见图126。第一款设计，条带为浅蓝色牛皮面料，鞋面也是同一蓝色调；第二款设计，条带为暖灰色牛皮面料，鞋面也是同一灰色调；第三款设计，条带为玫红色牛皮面料，鞋面也是同一色调；第四款设计，条带为灰紫色牛皮面料，鞋面也是同一色调。

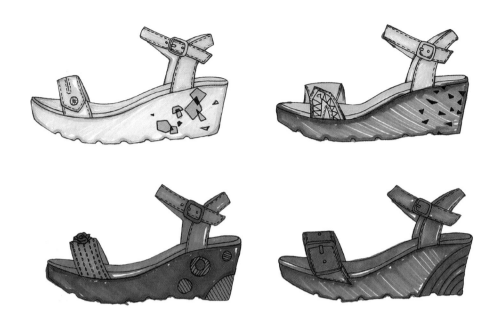

图126　一字凉鞋系列设计效果图

［作业1］完成女式一字凉鞋款式采集（可局部）效果图1张。

［作业2］完成女式一字凉鞋单款（大稿）铅笔造型效果图1张。

［作业3］完成女式一字凉鞋（小稿）同楦同底系列款式12个。

［作业4］完成女式一字凉鞋勾线练习8个。

［作业5］完成女式一字凉鞋同款配色练习8个。

［作业6］完成女式一字凉鞋不同款涂色练习8个。

第三节　牛仔靴设计

　　定义：牛仔靴最初源于男鞋，是靴系马靴的一个种类，美国历史上是专为方便牛仔穿着而设计的，有美国文化特色之一的称号。

　　19世纪七八十年代，美国各州的汽车及铁路运输还不发达，集中于得克萨斯州、俄克拉荷马州及堪萨斯州的畜牧者及牛仔因为工作需要而经常策马四处奔波。他们的行程很多时候都是在州与州之间，面对不可预测的天气转变和艰难的地势，他们开始向当地制靴工人请求将旧有设计改良成适应他们劳动环境的长靴。参考了19世纪60年代早期美国南北战争中常见的策骑靴（Cavalry Boot）设计，牛仔靴最终应运而生。

一、素材收集（表3）

表3　牛仔靴素材收集

品牌	类型	特点	体会	案例
Calla Haynes	短靴	素色	素色牛仔靴更方便同服装搭配	
Lucchese（卢凯塞）	牛仔靴	精湛的手工技艺制成	木质鞋底结构令其结实耐磨，更可在不损坏鞋面的情况下轻松更换	
ZARA	黑色牛仔中跟	内侧以大号金属拉头的拉链闭合。鞋后跟高度4cm	优雅大方	
Stradivarius（斯特拉迪瓦里斯）	牛仔短靴	褐红色压纹	有点热烈	
CHARLES & KEITH	中跟牛仔短靴	日常	欧美休闲风格	
Uterque	高跟牛仔长筒靴	由牛皮制成的牛仔风格高粗跟长靴，纳帕革制作，尖头设计，配涂层木质锥形鞋跟	靴筒高度：25cm 鞋跟高度：8.5cm	
Dingo	牛仔中筒靴	刺绣、装饰花纹、装饰线	很接近经典的牛仔靴样式	

二、速写速绘

在初学者眼里，牛仔靴是相对复杂的款式，需要在设计之前多观察多收集相关资料。牛仔靴的造型特征是方块状的马蹄跟，观察的时候多留意靴筒部位的激光切割工艺和花纹的设计。靴筒部位的纹饰通常是中轴对称的，多采集经典的纹饰，寻找它们的造型规律。前帮的外形设计也是帮面轮廓线变化比较集中的区域，还有些装饰饰扣，也是可以收集和关注的。牛仔靴速写速绘见图127。

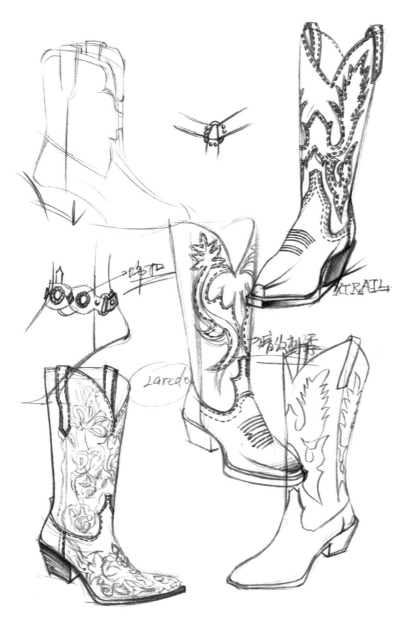

图127　牛仔靴速写速绘图

三、素描造型效果图

描画脚弓线、脚背线、后跟线段、底跟线段等，具体参考前面单鞋造型。在脚背线的上方，超过靴子总长的1/2处，描画一条垂直于画面水平线的线条作为靴筒前面的线条；考虑到女鞋足部结构特征，靴筒部位需要保留足够的小腿肌肉容量，过后跟脚弯处，描画一条曲线，曲线上端向后拉伸，尽量保留出小腿肌肉的位置，作为靴筒后面的线条；在靴筒前后线条之间，以直线连接，画出靴筒口外侧线，内侧线以两节弧度线造型。造型起稿见图128。

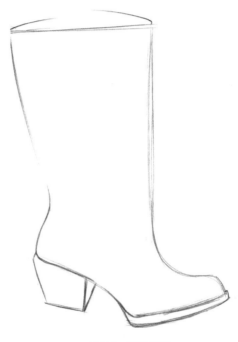

图128　造型起稿

在女靴的外怀帮面、后跟线内侧、脚背线内侧分别描画明暗交界线，鞋底跟部位直接进行大块面的明暗处理，具体请参照女单鞋造型。在靴筒前后线条内侧居中的位置，可以各画一条明暗交界线，表示靴筒的转折。也可以在靴筒口内侧居中位置描画明暗交界线，如有装饰片设计，则只要表现装饰片两边的明暗效果。描画上下帮面的阴影效果，包括装饰片的阴影、帮面上切割设计的装饰花纹的阴影等。在帮面折边、外合缝处、装饰线等位置进行针车线造型。效果图见图129。牛仔靴的绘制可扫二维码21学习。

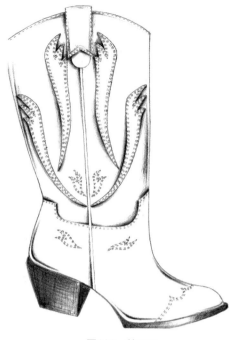

图129　效果图

二维码21

四、系列设计结构图

　　牛仔靴的设计，设计点在靴筒部位的花纹设计，包含面料颜色、工艺设计、花纹样式、拉链鞋扣等变化。

　　下面以牛仔靴的靴筒花纹变化为设计点，采用小圆头楦型、马蹄形高跟，同楦同底进行系列设计。第一款设计，纹样设计较为复杂，呈现较为完整的几何对称纹样；第二款设计，直接截取第一款纹样的一部分，将其放大，呈现更为简约的效果；第三款设计，保留了纹样上半部分样式不变，下半截进行改变；第四款设计，同样选择其中一个纹样的局部，进行了变异设计，配合不同的颜色面料等，快速有效完成款式设计。牛仔靴系列设计见图130。

五、同款配色图

　　初学者可以选一个牛仔靴的款式进行不同颜色的配色练习。如第一款牛仔靴采用了棕色调，沉稳中带着一丝温润；第二款牛仔靴采用了轻浅的灰色调，轻快中带着一丝飘逸感；第三款牛仔靴采用了蓝灰色，时尚中带着一丝个性；第四款牛仔靴采用了灰紫色调，透露出一种异域风情。同款配色见图131。

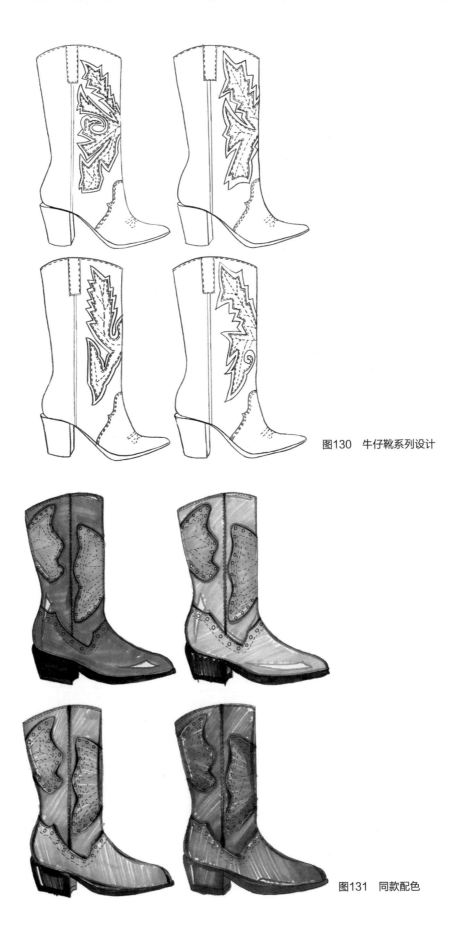

图130　牛仔靴系列设计

图131　同款配色

六、系列设计效果图

如第一款设计，帮面为钻蓝色牛皮面料，靴筒花纹是以细长茂密的植物筋叶为原型，花纹的颜色采用了紫色，花纹进行了激光切割设计，露出了里面深紫色里料，体现了现代风；第二款设计，帮面为浅棕色牛皮面料，靴筒花纹以简洁的植物筋叶为原型，花纹的颜色采用了暖棕色，激光切割露出的是深棕色里料，体现了冷淡风；第三款设计，帮面为暖棕色牛皮面料，靴筒花纹也是截取了部分植物筋叶为原型，花纹的颜色采用了极淡的红棕色，激光切割露出的是红棕色里料，体现了温暖风；第四款设计，帮面为深棕色牛皮面料，靴筒花纹依然以植物筋叶为原型，花纹的颜色采用了浅红棕色，激光切割露出的是红棕色里料，体现了沉稳风。牛仔靴系列效果图见图132。

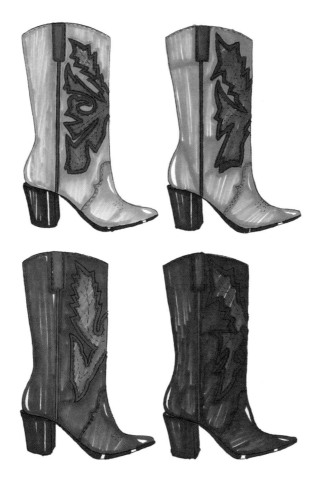

图132　牛仔靴系列设计效果图

[作业1] 完成女式牛仔靴款式采集（可局部）效果图1张。

[作业2] 完成女式牛仔靴单款（大稿）铅笔造型效果图1张。

[作业3]完成女式牛仔靴（小稿）同楦同底系列款式12个。

[作业4]完成女式牛仔靴勾线练习8个。

[作业5]完成女式牛仔靴同款配色练习8个。

[作业6]完成女式牛仔靴不同款涂色练习8个。

第四节　牛津鞋设计

定义：牛津鞋的特色是在鞋头以及鞋身两侧做出如雕花般的翼纹设计，不仅为皮鞋带来装饰性的变化，在繁复手工中更透露出低调雅致的人文情怀，勾勒出典雅的绅士风范。

牛津鞋早在1640年就由英国牛津大学的学生引进，但那时鞋带还很新鲜，直到1785—1789年受到崭新的革命精神的影响，法国人渐渐放弃银扣带，转而使用鞋带，因为他们认为这更"民主"。到后来随着鞋带被普遍运用，逐渐形成了鞋带、厚底、高跟、鞋侧翼纹设计的主要特征。

一、素材收集（表4）

表4　牛津鞋素材收集

品牌	类型	特点	体会	案例
Valentino（华伦天奴）	系列拼接牛津皮鞋	纯棕色与擦色搭配	体现出随性和硬朗的中性风	
Mr. Bathing Ap	绅士雕花牛津皮鞋	有BAPE STA星状 Logo设计	时尚	
Valentino（华伦天奴）	黑色亮面牛津皮鞋	鞋背处有精致雕花设计，完美的日间平跟鞋	时尚风尚带到街上	
爱得堡	手工雕花牛津皮鞋	有趣的三角雕花	原来雕花也可以这样设计	

品牌	类型	特点	体会	案例
ThomWills （威世）	偏休闲的牛津男鞋	厚底	松糕底的混搭	
SELECTED （思莱德）	偏休闲的牛津男鞋	休闲大底，擦色真皮搭配经典雕花	时尚元素间碰撞	
PRADA （普拉达）	偏休闲的牛津男鞋	休闲厚底	超简洁风格	
HERILIOS （荷瑞列斯）	偏休闲的牛津男鞋	鞋底有金属装饰	混搭了胶鞋的设计	
MAKKOBAMA （马克斑马）	偏休闲的牛津男鞋	耐磨弹力鞋底	经典雕花混搭运动元素	
Cole Haan	偏运动的牛津男鞋	完全的运动鞋底	可以运动的牛津鞋	
A. TESTONI （铁狮东尼）	偏休闲的牛津男鞋	棕色帮面	极简风	
ECCO（爱步）	偏正式的牛津男鞋	精致雕花	鞋底造型舒适	

二、速写速绘

牛津鞋的经典造型是M型羽翼和雕花冲孔，需要观察帮面分割手法以及孔的形态是否发生变化。在速写速绘的过程中，我们发现，除了帮面分割上的变化，近年来牛津鞋底变化也非常明显，包括大量应用运动元素的鞋底、厚松糕底、彩色或透明的胶质底。牛津鞋速写速绘见图133。

图133　牛津鞋速写速绘图

三、素描造型效果图

　　描画脚弓线，向下完成鞋底跟的造型；描画后跟线、脚背线、鞋舌线、鞋口线等，向上完成鞋帮的造型。描画鞋眼片轮廓线，鞋眼片尾端对接鞋跟的内侧线；鞋眼片内侧沿脚背线向内描画与外侧鞋眼片相等长度的线条。描画前帮帮面分割线，画出

"M"型羽翼的形状。描画后跟片的轮廓线。整理款式结构线，在折边和外合缝位置描画出针车线的造型；在靠近鞋眼片内侧轮廓线的地方，画一条直线，在直线上刻画等距离的鞋眼，具体步骤和技法请参考前面鞋眼造型。牛津鞋造型起稿见图134。

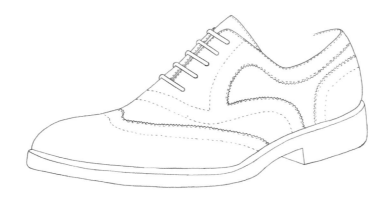

图134　造型起稿

描画"M"型羽翼轮廓线，在两条线中间进行冲孔工艺造型，具体参考前面冲孔造型；在鞋头部位描画装饰花纹孔的造型，注意圆孔的排列和大小设置。冲孔设计见图135。

图135　冲孔设计

鞋底做简单的块面素描效果，帮面根据鞋款表现的基本技法，在脚弓线内侧、后跟线内侧、脚背线内侧等位置画上明暗交界线；在局部帮面描画素描阴影效果，增加面料的层次感；在鞋带等细小结构上也可以做些简单的明暗效果，增加鞋带的厚度。牛津鞋效果图见图136。牛津鞋的绘制可扫二维码22学习。

图136　效果图

二维码22

四、系列设计结构图

　　牛津鞋的系列设计，可以从帮面分割、雕花冲孔的设计形态变化以及鞋底造型等方面入手。

　　下面以牛津鞋的羽翼形态、鞋耳轮廓、后跟片等部位变化为设计点，采用圆头、橡胶大底，同楦同底进行系列设计，见图137。第一款设计，保留了牛津鞋的经典造

图137　牛津鞋系列设计

型的"M"型羽翼和雕花冲孔，羽翼上以大孔为主，将鞋舌的材料改成了编织面料，并在鞋眼片下方增加了规则的小平流苏设计，流苏短而小巧，单片上都做了冲孔，鞋头部位做了环绕式雕花设计，采用常见的小孔围绕大孔的工艺设计，含蓄又带点小淘气；第二款设计，M型羽翼的轮廓线设计得比较宽泛，羽翼上以密集的小孔为主，鞋眼片居中位置增加了部分编织面料，编织面料两边镶嵌两道装饰条，装饰条上进行了冲孔设计，鞋口外侧设置了一个小松紧，彰显细节设计感；第三款设计，与第一款略有相同，鞋舌也是采用编织面料，尾端也是小流苏，只是在长度上进行了变化，流苏单片上都冲了两个孔，鞋耳中间位置和后跟位置上分别镶嵌了装饰条，装饰条上也都冲了孔，再次体现了系列设计的元素；第四款设计，最大的亮点就是在脚背上增加了一个编织面料的横扣设计，鞋耳轮廓镶了装饰条，显得风流倜傥。

五、同款配色图

男式皮鞋的色彩设计，尽量选用符合成年人气质的单色，拼色也不要超过两种颜色。下面选用牛津鞋的经典款式造型，进行不同颜色配色的效果实验。第一款设计，鞋底为黑色，鞋帮面是浅的带灰调的墨绿色，沉稳中带有一丝清新；第二款设计，鞋底黑色，帮面采用中度的灰蓝色，流露出慵懒舒适的气息；第三款设计，鞋底依然是黑色，帮面改用沉稳大气的深褐色，属于传统男式皮鞋用色；第四款设计，鞋底黑色，帮面采用带有一点点灰调的活力蓝，颜色大胆出挑，符合成功人士的审美要求。同款配色见图138。

图138 同款配色

六、系列设计效果图

　　彩色系列设计见图139。第一款设计，以CG5灰色牛皮为款式主体色，"M"型羽翼两侧轮廓饱满、长度适中，羽翼上有常规大小的孔，大孔之间设置上下两个小孔，鞋头部位有交错的心形雕花，小孔围绕大孔设计，鞋耳上也做了雕花冲孔的工艺，后跟片做了两个弧度的设计；第二款设计，以BG5灰色牛皮为款式主体色，羽翼轮廓同第一款，鞋头部位是"X"型的雕花，均以小孔围绕大孔设计，鞋耳尾端悬挂，下端做了雕花冲孔，后跟片造型传统；第三款设计，以WG2灰色牛皮为款式主体色，羽翼轮廓狭长，鞋头部位是蝴蝶变异的雕花，小孔围绕大孔设计，鞋耳与后跟片连成一体，做了精致的冲孔；第四款设计，以深棕色牛皮为款式主体色，羽翼轮廓瘦小，鞋头部位也是蝴蝶变异的雕花，大小孔相间设计，帮面底部多设计了一个围条，省略了后跟片，鞋耳下端直接衔接围条，鞋耳中间位置做了精致的冲孔。

图139　彩色系列设计

[作业1]完成男式牛津鞋款式采集（可局部）效果图1张。

[作业2]完成男式牛津鞋单款（大稿）铅笔造型效果图1张。

[作业3]完成男式牛津鞋（小稿）同楦同底系列款式12个。

[作业4]完成男式牛津鞋勾线练习8个。

[作业5]完成男式牛津鞋同款配色练习8个。

[作业6]完成男式牛津鞋不同款涂色练习8个。

第五节　沙滩鞋设计

定义：沙滩鞋由鞋面和鞋底两部分连接而成。鞋面部分采用绵纶或涤纶面料制成，其优点是有弹性，不易吸水，在游泳时可减少水的阻力。鞋帮部分配有紧固带，可以使沙滩鞋与脚底的凹面部分紧密地贴在一起，鞋与脚形成一体，更有效地减少在游泳时水的阻力。鞋底部采用软质超薄型橡胶底，能够防止海生动物的甲壳或硬石子扎伤脚底，还可以使穿用者体验赤脚踩在沙滩上的美妙感觉。

一、素材收集（表5）

表5　沙滩鞋素材收集

品牌	类型	特点	体会	案例
Skechers（斯凯奇）	轻质魔术贴男凉鞋	一鞋两穿，后跟条带可拆卸，凉拖、凉鞋随意切换，黑金撞色加"Z"形绊带	简约设计及可拆卸条带功能性，鞋底轻质化设计	
Puma（彪马）	休闲沙滩鞋，男女同款	厚底，织物固定带	简约风，黑面白底配色	
NB（新百伦）	休闲沙滩男鞋	厚底	三段式帮面	
Skechers（斯凯奇）	魔术贴搭带凉鞋	两段式，前帮松紧搭带，后帮魔术贴	松紧搭带与魔术贴搭配，黑色帮面，白色外底	
NORVINCY（诺凡希）	欧美风男凉鞋	机车风格	几何棱角与飞织帮面结合，黑灰色系	
ZARA	黑色厚底男凉鞋	采用新式透气面料，超厚白色鞋底	两段式，搭配魔术贴	

续表

品牌	类型	特点	体会	案例
Clarks（其乐）	三瓣底男凉鞋	绕带拼色设计	真皮帮面与织物带结合，拼色	
HOTSUIT	休闲软底沙滩男鞋	中底软底设计，外底橡胶防滑	黑色帮面与白色魔术贴结合，鞋底采用运动鞋鞋底	
李宁	悟道男凉鞋	圆形鞋头设计，帮面采用织物、魔术贴与皮革搭配	混搭运动元素，黑、红、蓝、黄、绿多种颜色搭配和谐	
UGG	沙丘渔夫鞋男凉鞋	复古沙丘款，鞋底防滑耐磨，纯黑色简洁风。	条带穿插设计，后跟采用魔术贴可调节脚踝束带	

二、速写速绘

沙滩鞋的帮面设计造型主要分为片状和条状两种。我们应多观察片状帮面上的一些切割工艺变化和条状帮面的穿插设计。在款式采集中不难发现，片状上可以有一些手缝线工艺造型，搭配鞋扣，镂空以大块的几何形体居多；而条状的设计多是缝合工艺的不同，在需要固定的位置加上各种鞋扣、鞋钉部件作为装饰。沙滩鞋的头型和底跟设计的不同，加上面料颜色的搭配，可以带来诸多设计灵感。沙滩鞋速写速绘见图140。

三、素描造型效果图

描画脚弓线，依托脚弓线画出内侧脚弓线，完整勾勒出脚掌面的形状；沿着脚弓线向下描画出鞋底跟线；沿着脚弓线向上描画出帮面线；画脚背线，在脚背线上描画沙滩鞋的帮面，注意各个帮面的穿插关系，标出帮面内侧裸露线条；对铆钉的位置进行定位，注意单个铆钉的四周要保留一定的空隙，两个或以上的铆钉则要控制之间的距离。造型起稿见图141。

描出脚掌轮廓线，完成沙滩鞋底造型；沿脚背线向外描画脚背帮面条带，脚背上的横向条带以平行为主；条带穿插的表现中，要明确条带的起始与结束位置，确保条带转折形态的正确性；条带穿插的位置以铆钉固定，注意在表现过程中铆钉与边缘、铆钉之间的距离；在轮廓线内侧压茬的地方画上工整的针车线。线条整理见图142。

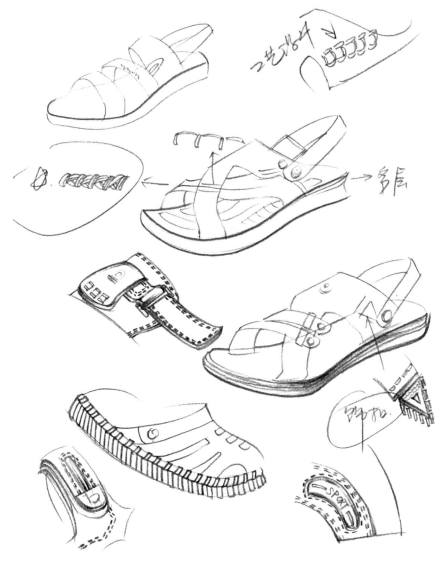

图140　沙滩鞋速写速绘

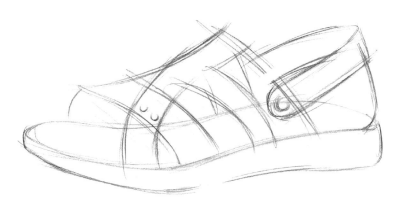

图141　造型起稿

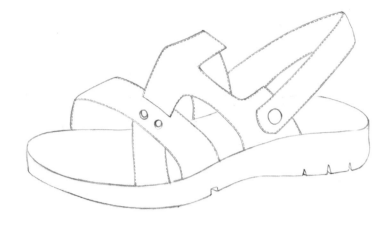

图142　线条整理

四、系列设计结构图

　　沙滩鞋的实用功能在鞋底部位，要多观察和写生相应的鞋底实物。设计点是帮面的设计，以一片式或条带式为主，既要符合人机工程学，又要美观大方。

　　下面以沙滩鞋的帮面条带变化为设计点，采用圆头、厚底，同楦同底进行系列设计，见图143。第一款设计将鞋帮面分为前帮与后帮两个部分，前帮为较宽的"一"字型镂空设计，并在上面设置两条魔术贴条带，使其能进行自由调节，更符合穿着者的脚型，后半部分为"Y"字型后帮，使用三角形的金属扣将三根条带进行整合，使用魔术贴设计使其能够进行松紧调节；第二款设计为一体式鞋帮，为增加趣味性及系

图143　沙滩鞋系列设计

列性，采用镂空及条带设计，并使用魔术贴固定；为增加舒适性在后跟处设置海绵垫，减少对脚后跟的摩擦；帮面前半部分与后半部分设计在鞋底的一外一内，增加了整体层次感；第三款设计分为前后帮两部分，为区别于前两款，使此款更具多样性、趣味性，采用塑料扣进行装饰，前帮为较宽"一"字型整帮设计，后帮设置可拆卸魔术贴后跟条带，沙滩鞋与休闲拖两用，同样设置后跟垫，减少条带对后跟的压力；第四款为第二款的变形，将一体式帮面打散，为贴合其他两款的风格，仍然使用"一"字型魔术贴条带前帮，后帮则是将第三款后帮的设计整合，使用"Y"字型形变一体式海绵后帮，并设置魔术贴进行松紧调节，是前三款的整合与延伸。沙滩鞋的绘制可扫二维码23学习。

二维码23

五、同款配色图

在相同的款式中，对沙滩鞋帮面使用不同的颜色进行配色的效果实验。第一款设计，鞋帮面是百搭黑色，鞋底与帮面相呼应采用深灰色；第二款设计，帮面颜色是浅灰色配色，鞋底呼应帮面；第三款设计，帮面改用为深灰色处理，鞋底为浅灰；第四款设计，采用深棕色，彰显个性，鞋底则为同色系浅棕。同款配色见图144。

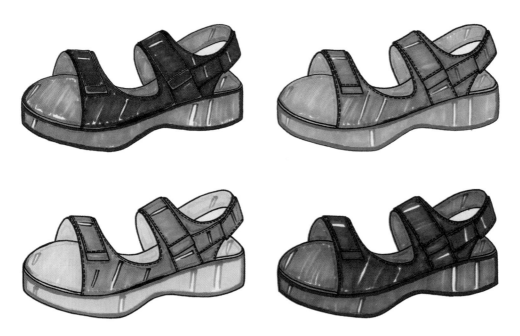

图144　同款配色

六、系列设计效果图

　　沙滩鞋结构不是条状就是片状的。因此，沙滩鞋的设计点集中在鞋底、帮面造型和颜色上。下面以条状结构、磨砂橡胶底为例，同楦同底进行系列设计，见图145。第一款设计，条状帮带与鞋面选用深棕色环保材料，前面条带穿插魔术贴固定，外侧呈现一个垂直的"∩"型，后面帮带脚背处与后跟处分别设置了魔术贴固定，外侧轮廓向内呈现一个45°的"∩"型，体现了经典的风格；第二款设计，帮带与鞋面选用橙棕色环保材料，前后均面采用"一"字型条带，用魔术贴固定，前后条带中间以一个敞口的装饰片连接，黑色包边工艺，体现了鲜亮的设计风格；第三款设计，帮带与鞋面选用棕色环保材料，前后条带外侧均挖空呈现"∩"型，用魔术贴固定，中间也是以敞口的装饰片连接，体现了利落的设计风格；第四款设计，帮带选用棕绿色环保材料，前后条带外侧连成一体，用穿插式魔术贴固定，体现了舒适的设计风格。

图145　彩色设计

[作业1] 完成男式沙滩鞋款式采集（可局部）效果图1张。

[作业2] 完成男式沙滩鞋单款（大稿）铅笔造型效果图1张。

[作业3] 完成男式沙滩鞋（小稿）同楦同底系列款式12个。

[作业4] 完成男式沙滩鞋勾线练习8个。

[作业5] 完成男式沙滩鞋同款配色练习8个。

[作业6] 完成男式沙滩鞋不同款涂色练习8个。

第六节　运动鞋设计

定义：运动鞋又称波鞋、球鞋，原意是用于进行体育运动穿着的鞋，由于运动鞋穿着舒适，且有不同款式，也是流行文化、时尚服饰之一。运动鞋分为足球鞋、羽毛球鞋、跑步鞋、篮球鞋等。健身运动、休闲运动、娱乐运动和专业竞技运动的训练过程及其正式比赛运动所使用的鞋种都是运动鞋。

运动鞋的线条特点是线条复杂，形式多样，有单线、双线、假线、明线、虚线、轮廓线、棱线、接缝线、装饰线等，可同时运用在一双鞋上，不拘泥于一种，线条多以弧线为主，直线比例较少。

一、素材收集（表6）

表6　运动鞋素材收集

品牌	类型	特点	案例
Air Jordan Future（耐克·乔丹）	锋芒毕露的土豪金系列	"GOLD"前卫的绑带设计为 Qasa High 的标志性设计，鞋身运用了氯丁橡胶和弹力绑带，以保证轻量和贴合的脚感，鞋底前端和后跟分别以 Yohji Yamamoto 和 Y-3 的 Logo 作为细节，整体为流线型的简洁设计	
耐克	限量版传奇6代足球鞋Tiempo Pirlo	鞋面采用上等真皮制作，鞋面配色采用的墨尔乐葡萄红，四颗象征着四次世界杯冠军的金色五星出现在球鞋的后跟和大底上，意大利国旗则被设计成为鞋带头	
Under Armour（安德玛）	个人专属 PE 战靴	以最新战靴 Curry 6 为蓝本，鞋身采用蓝、黄撞色示人，后跟特别追加拉链设计，还原夹克主题	
Adidas Originals（阿迪达斯）	全新女生专属系列	鞋面均以三列冲孔替代经典三线 Logo，鞋舌处增加黑色鞋提，更易于穿脱。而后侧鞋底巧妙融入 Adidas Originals Logo，与鞋面金色印字遥相呼应	
Air Jordan 4（耐克·乔丹）	"Hot Punch"	大面积的漆皮，同时在中底、鞋带处以及 Air Jordan 4独有的吊牌中融入泼墨设计，个性十分鲜明、设计独特	

续表

品牌	类型	特点	案例
inov-8 （伊诺威）	远足和户外鞋类	世界上第一款使用石墨烯的登山靴。曼彻斯特大学的研究人员将石墨烯材料注入inov-8新款ROCLITE登山靴的橡胶中，经过试验验证，添加了石墨烯材料后，其外底强度提高50%，弹性提高50%，穿着力提高50%	
Adidas Basketball （阿迪达斯）	无鞋带设计	鞋面用不同密度的 Primeknit 织物打造，鞋侧稳定片及内衬的针对性填充提供充分的舒适包裹，中底采用 adidas 全新缓震材料 Lightstrike，不仅重量相较其他缓震材质更轻，同时能提供更为出色的缓震和足底响应	
Puma （彪马）	PUMA Clyde Court Disrupt	鞋型设计上继承20世纪经典鞋款 Clyde 的诸多元素，既有浓浓的复古运动气质，轻量编织结合后跟皮革共同打造鞋身，辅以当下颇为流行的袜套鞋领收口。鞋带采用高端技术制造的织物，为脚部稳定提供支持	
Rag & Bone （瑞格布恩）	Air Jordan 20	鞋面改为 Flyknit 编织材质的袜套式设计，原本脚踝部位的分离式设计消失，Air Jordan 20 标志性的魔术贴及脚踝绑带得以保留，新增了可以更换的魔术贴设计，三种图案随意选择，搭配 Air Jordan 20 的中底与外底	
Versus Versace Anatomia （范思哲）	摇滚系列	以遵循人体的机体形态和轮廓设计而来，融合个性街头元素，引领全新运动风潮	
Under Armour HOVR （安德玛）	能量系列	所用的缓震材料与一般缓震材料的镶嵌位置有所不同，一般的缓震材料都是镶于中底，但是该款将缓震材料配置在了特制的能量网中，而这个强力压缩的能量网具有关键作用	
New Balance （新百伦）	"破晓"系列战靴	采用北极星红和银河蓝色为主色调的 New Balance 以运动时鞋面受力大数据为基准，使用 kinetic stitch 技术覆盖全鞋面，区域化加强鞋面支撑与摩擦力。鞋底专为灵活与敏捷设计，菱形鞋钉和交叉龙骨与尼龙中底板一同提供变向时的抓地力、支撑和灵活性	

二、速写速绘

　　运动鞋的款式采集重点是鞋底造型的变化。很多品牌的鞋底都具有高科技成分，在造型上很有特点。帮面的设计主要是网纹部分的设计，环保面料与网纹的缝合穿插方式，都是我们需要注意的。运动鞋速写速绘见图146。

图146　运动鞋速写速绘

三、素描造型效果图

    部分运动鞋鞋底边缘有抬高的设计，部分脚弓线会被遮挡，以最外围的轮廓设计为主描画脚弓线；沿着脚弓线向下描画出运动鞋底跟线；沿着脚弓线向上描画出脚后跟线；鞋口处加棉，要画出明显的弧度和高度，或者画出驼峰造型；运动鞋鞋舌起保护作用，可以适当拉高鞋舌高度和厚度；标出侧帮各个轮廓线，做出准备分割的位置。造型起稿见图147。

图147　造型起稿

    重新勾画运动鞋底造型线段，做素描效果；画出鞋帮轮廓线段、鞋眼片轮廓线段、装饰片轮廓线段，做出素描效果；画出针车线、装饰线；画出网眼面料，做素描效果；装饰片中对塑胶材料加强素描效果的表现。效果图见图148。运动鞋的绘制可扫二维码24学习。

图148　效果图

二维码24

四、系列设计结构图

运动鞋的系列设计中鞋底的功能设计、帮面结构设计和色彩的运用是重点。

下面以圆头楦、运动鞋底，同楦同底进行系列设计，见图149。第一款设计，将侧帮做了三道装饰线，做了一个倒"T"的设计，鞋口部位镶嵌了一块三角形的网眼材料，后跟是常规设计；第二款设计，侧帮进行了多个大弧度装饰片的设计，鞋口用了一个圆形的网眼材料，后跟片向上做了悬挂式设计；第三款设计，侧帮做了一个三角装饰片设计，前面围条与鞋眼片之间采用了倒三角的网眼材料，后跟片做了一个年轮的装饰片设计；第四款设计，侧帮连续采用了三个不同三角形网眼材料的镶嵌，鞋头围条与鞋舌之间镶了一个方形的网眼材料，后跟片与第一款后跟造型一致。

图149 系列设计稿

五、同款配色图

在同样的款式中，进行不同的帮面配色，产生不一样的风格，见图150。第一款设计，帮面采用浅灰色，塑料片使用蓝灰色，鞋底统一使用镂空设计；第二款设计，鞋舌和塑料片统一为墨绿色，帮面改用为蓝灰色，鞋底为黑色，整体风格沉稳、有男人味；第三款设计，帮面和鞋底统一为清爽白色，但为了画稿效果，所以使用了深浅不一的灰色马克笔配色；第四款设计，帮面为少见的卡其色，鞋底为白色。

图150 同款配色

六、系列设计效果图

运动鞋的面料多为环保材料，色彩设计多样化。

运动鞋系列设计效果图见图151。第一款设计，色彩上采用了鲜艳的红、黄色。其中，黄色属于帮面的提亮色，占的面积较小，呈字母状，红色是主体色，红色的网纹直接用黑色勾线笔勾勒，填涂红色时保持较快的速度，自然留出部分空白，为了避免

图151 运动鞋系列设计效果图

成鞋色彩过于艳丽，采用了条状黑色起稳定作用；第二款设计，色彩上采用了橙色与黑色的对比色，橙色是提亮色，鞋子的内里使用了橙色，黑色蕾丝是表现的难点。全款依然是黑色主调，建议用灰色代替黑色，增加款式的透明度，网纹的造型也是先铺底色，然后用勾线笔描绘网纹的纹路；第三款设计，采用橙色、淡绿色的对比色，较前面两款而言，色彩更加轻松明亮，网纹颜色设置为浅灰色，恰好中和两种亮色；第四款设计，属于浅色系的设计，以白色为主调，帮面的中间部位设计相对整体，没有放置字母类细节设计，造型上比较清爽。四款童鞋的底部设计，颜色上都与帮面相呼应，活泼有趣。建议在效果图的设色中，使用浅灰色代替纯白色，表现感会更完整。

[作业1] 完成男式运动鞋款式采集（可局部）效果图1张。
[作业2] 完成男式运动鞋单款（大稿）铅笔造型效果图1张。
[作业3] 完成男式运动鞋（小稿）同楦、同底系列款式12个。
[作业4] 完成男式运动鞋勾线练习8个。
[作业5] 完成男式运动鞋同款配色练习8个。
[作业6] 完成男式运动鞋不同款涂色练习8个。

第七节　儿童慢跑鞋设计

定义：慢跑鞋属于一种运动鞋，专门适用于慢跑。慢跑鞋具有舒适透气、高避震系统、提供支撑力、全方位抓地力等功能，典型的慢跑鞋重量要轻、要软，但是鞋底又要经得起反复撞击才行，所以须选用几层不同的材料所制成。

一、素材收集（表7）

表7　儿童慢跑鞋设计

品牌	类型	特点	案例
安踏	全新篮球系列鞋款"酷炫旋风侠"	该系列篮球鞋以"风"为灵感来源，拥有吸睛的"闪灯旋风"功能：鞋帮面上的"旋风眼"采用了SPINADO 3.0技术，是一种新型装置科技，跑跳运动中内置气囊一触即发，以弹跳动力激发旋风轮转动；搭载智能数控开关，让孩子的每一步都有炫光闪烁；同时全新大底和全革帮面给双脚足够保护	

续表

品牌	类型	特点	案例
ABC KIDS（ABC童装）	变形金刚系列鞋服	明亮的色彩应用，传递出积极向上的能量，该系列童鞋以"战靴"为主要设计灵感，主打舒适与柔软，贴合孩子足部的发育，鞋面透气轻便，鞋面上采用变形金刚面部形象，让IP符号成为提高辨识度的重要依据	
361°	网面运动鞋	采用了网面与皮革拼接的设计，穿着起来舒适且透气，配合防撞的鞋头和可调节魔术贴以及舒适鞋垫，能更好地保护孩子的脚部	
斯凯奇	时尚运动鞋	采用了贴心的魔术贴设计，加上防撞鞋头的设计，有效保护了宝宝的脚趾，同时又有防滑的鞋底设计	
凯蒂猫	运动小白鞋	采用合成革鞋面，舒适柔软，透气性好，手感细腻，便捷魔术贴易贴拉，尽显小公主的甜美可爱	
Ginoble	"经典系列"	鞋身3M反光材质的运用，增加了其夜间的安全性，同时也丰富了材质的变化，运用上下单层网中间复合具有一定厚度和支撑性的纺织面料，使其鞋身具有透气性、支撑性。鞋舌花纹运用十字交叉的设计，彰显宝宝独特的个性，鞋面波点风格的运用经典时尚	
鸿星尔克	渐变运动鞋	采用合成革面料搭配网布，具有较好的包裹性，渐变纹路潮流个性，穿着轻便柔软，柔韧性好。而且还采用魔术贴扣设计，搭配了鞋带修饰，可以随意调节松紧度，方便快捷，实用又个性	

品牌	类型	特点	案例
NATURINO（自然之子）	混搭运动鞋	采用羊皮搭配麂皮的设计，鞋轻盈、柔和、动感，却不失自由感。款式简洁经典	
Mikihouse（米其屋）	红色运动系列	精选上乘的面料与头层猪皮里外相合，具有柔韧、吸湿、驱热的特点，精巧裁剪成玲珑娇俏的圆头套脚，细密严谨的规整缝合，赋予儿童零伤害、无束缚的稳定空间	
Nike x John Geiger（耐克x约翰盖革）	Misplaced Checks	以AF1为蓝本，四个错落有致、颜色各异的Nike标志变得更加集中，像扇面一样微微展开，带着孩子气的活泼轻快	
牧童	网纱运动鞋	设计新颖，用料考究，采用了时下流行元素马卡龙的混塔配色，其整体从远处看，仿佛就是诱人的马卡龙	

二、速写速绘

儿童鞋的设计，需要设计者有一颗童趣的心，对款式和色彩的把握都要充分考虑儿童消费者的年龄和消费心理。童鞋设计中色彩的分量很重，红、黄、蓝三原色的使用频率很高，色彩影响值超过60%。童鞋设计中色彩的收集和分析以及使用技巧都是极其关键的。儿童运动鞋与成人运动鞋在帮面穿插手法上有相似之处，考虑到儿童的年龄，中小童鞋款的设计脚背多采用魔术贴固定，设置松紧鞋带，方便穿脱。鞋底多采用有明显底纹的设计，采用摩擦力好的、色彩鲜艳的材料。儿童运动鞋中也会出现大量的网纹材料，色彩上更加鲜亮多变。儿童慢跑鞋速写速绘见图152。

图152　儿童慢跑鞋速写速绘

三、素描造型效果图

　　儿童慢跑鞋的造型步骤和造型手法与成人运动鞋相似，描画脚弓线、鞋底线、后跟线、脚背线以及各种帮面分割线。与成人款式造型不同，童鞋造型遵循"宁圆勿方""宁短勿长"的原则，以体现儿童各个阶段未发育健全的足型表现为基准。造型起稿见图153。

图153　造型起稿

从脚弓线画出鞋底各个结构线段，画出鞋帮结构线、鞋眼片结构线、后跟片结构线以及各个装饰片轮廓线；鞋眼片上画出鞋眼，在鞋眼上画交叉的鞋带；在结构线内侧画出针车线。线条整理见图154。

图154　线条整理

在脚弓线内侧、后跟线内侧、脚背线以及帮面上下合缝的地方，画上明暗交界线，做出素描明暗效果。具体造型步骤和造型技法请参考前面运动鞋章节。效果图见图155。儿童慢跑鞋的绘制可扫二维码25学习。

图155　效果图　　　　　　　　

二维码25

四、系列设计结构图

儿童慢跑鞋的面料、结构类似于成人运动鞋，但更注重安全性的设计。

下面以圆头、运动鞋底，同楦同底进行系列设计，见图156。第一款设计，侧帮设计了四个月牙形和三个小的倒三角的装饰片，前面做了围条设计，鞋口做了驼峰设计，脚背添加了一条横向扣带，用魔术贴固定；第二款设计，侧帮围绕着鞋眼做了围绕式设计，中间镂空做了一个字母"A"的形状，围条简短，后跟设计不变；第三款设计，侧帮设计了月牙形的装饰片，与第一款相比，更加松散些；脚背添加了两条平行的横向扣带，用魔术贴固定；前面围条边缘做了花边处理；第四款设计，侧帮也是围绕式设计，包含了字母B和C的形态，横向扣带尾端设计成字母A形，刚好在外侧显露出A、B、C的造型。

图156 系列设计

五、同款配色图

童鞋配色首选红、黄、蓝三原色，见图157。第一款设计，采用防滑鞋底，鞋面主调是黑色，配色是红色，红色魔术贴、红色贴片，鞋底也点缀红色，色彩鲜亮；第二款设计，采用墨绿色为主调，配合浅绿色的魔术贴和松紧带，侧面也用浅绿色贴片进行点缀，包头与后跟都是浅绿色，整体设计活泼跳跃；第三款设计，帮面颜色使用深沉的湛蓝色和清爽的钴蓝色，同样，魔术贴、松紧、包头、后跟片以及装饰贴片等都采用了较浅的钴蓝色，两种蓝色交相呼应，动感童趣；第四款设计，采用粉红色和天蓝色，天蓝色为款式的主调，魔术贴、松紧、装饰片都设计成粉色，娇俏可爱。

图157 儿童慢跑鞋同款配色

六、彩色设计稿

儿童慢跑鞋款式设计点集中在帮面的设计和颜色的搭配上。下面同楦同底进行系列设计，见图158。第一款设计，整鞋以环保材料为主，鞋底采用白色橡胶底，帮面

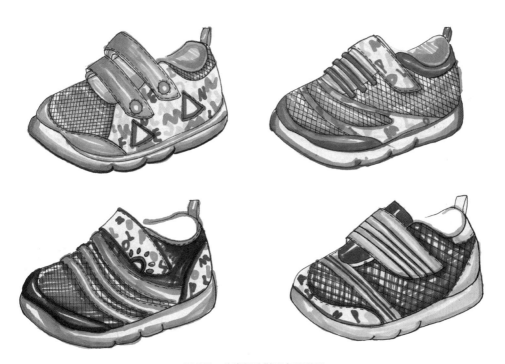

图158 儿童慢跑鞋彩色设计稿

采用橙色为主调，考虑到设计的安全性，绊带尾端以圆形扣固定，包头、鞋底包括内里都采用甜橙色调，帮面上面搭配扇形红色网眼材料，鞋口驼峰加棉处也是红色网眼，侧帮是大面积的白底彩色字母，整体呈现活泼鲜亮的设计风格；第二款设计，环保材质，帮面采用粉红色为主调，鞋舌、包头、鞋底、内里都采用粉红色调，帮面以大面积的粉红色网眼为主，加上条状的环保材料进行装饰，驼峰加棉处也是粉红色面料，为方便穿着，加上松紧鞋带，装饰条上是白底彩色字母，呈现可爱甜美的设计风格；第三款设计，帮面采用深灰色为主调，鞋面用大面积的同色网眼材质，鞋底和鞋面装饰条用粉红色调，驼峰加棉处是粉红色包边设计，绊带和后跟片是白底彩色字母，呈现甜美的设计风格；第四款设计，帮面采用墨绿色为主调，墨绿色网眼上有大块面的黄色绊带和装饰条，以及黄色后跟片的呼应，包头是白底彩色花纹，保持系列设计元素，整体呈现健康运动的设计风格。

[作业1] 完成儿童慢跑鞋款式采集（可局部）效果图1张。
[作业2] 完成儿童慢跑鞋单款（大稿）铅笔造型效果图1张。
[作业3] 完成儿童慢跑鞋（小稿）同楦、同底系列款式12个。
[作业4] 完成儿童慢跑鞋勾线练习8个。
[作业5] 完成儿童慢跑鞋同款配色练习8个。
[作业6] 完成儿童慢跑鞋不同款涂色练习8个。

第八节　儿童豆豆鞋设计

定义：1986年，著名的TOD'S"豆豆鞋"诞生，豆豆鞋是TOD'S的第一代平底鞋Gommini鹿皮鞋的昵称，这个昵称源自其鞋底和鞋后跟上的133颗橡胶小粒，就像是一颗颗的小豆豆。TOD'S这个品牌延续了它自身产品低调内敛的个性，不张扬、不花哨的魅力成了它独有的吸引力。

一、素材收集（表8）

表8　豆豆鞋素材收集

品牌	类型	特点	案例
五粒豆	低帮面	成人化的设计简约，流苏小淑女风格	
丫丫乐	反绒面料	宝蓝色时尚经典，蝴蝶结在简约中增添了一丝俏皮	
Tinw kids	平底跟	平跟皮鞋底、胶鞋底、软鞋底等，镂空设计，适合夏天	
talr	前绊带设计，卡通小动物元素	黑色、棕色和褐色，漆皮；巧克力色，浓郁色系，显眼大气	
五粒豆	漆皮牛皮	在牛皮上进行处理，如荔枝纹等；镜面漆皮等	
丫丫乐	搭扣、拉链	简约设计，配件形态、颜色夸张、鲜亮	
五粒豆	白底小图案、蝴蝶结	樱桃印花、卡通形象等，将小朋友们喜欢的形象的颜色、形态带入到设计中	

二、速写速绘

在儿童豆豆鞋的款式采集中，鞋盖部位的设计是亮点。鞋盖上的配件不同于成人豆豆鞋，儿童的款式多采用柔软材质的蝴蝶结、卡通形象等装饰，部分加入珍珠或亚克力珠的设计。考虑到儿童的审美习惯和安全，也多用大颗粒、圆滑不割手并且不易脱落的形体；鞋口保留了传统豆豆鞋的翻边设计，只是边缘做得很宽，女童款式中也有的在鞋口部位加一些花边设计；有的加入流苏等设计，流苏的宽度也比传统更宽，使设计更加可爱甜美。儿童豆豆鞋速写速绘见图159。

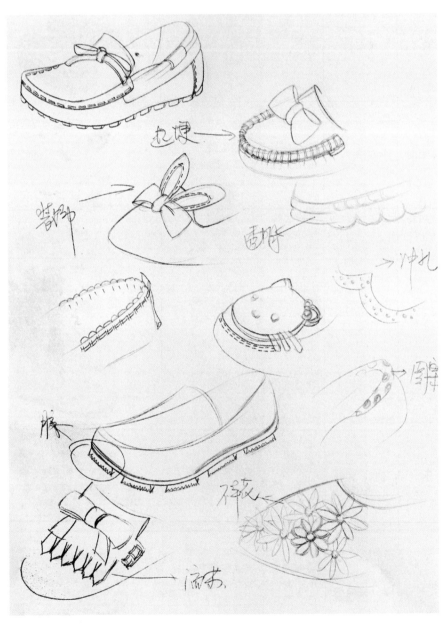

图159 儿童豆豆鞋速写速绘图

三、素描造型效果图

完成了儿童豆豆鞋素材收集后，初学者可以在A4纸上练习进行豆豆鞋的款式造型。准确的单款造型能确保系列设计时款式造型的质量。

下面以鞋跟在右侧展示角度为例，进行款式造型训练。先描画脚弓线，儿童的脚弓线造型时要注意控制线条的曲度，考虑到儿童的脚还没有发育完全，线条描画略微平缓；顺着脚弓线描画脚掌内侧线条，考虑到儿童的足部特征，脚掌面尽量画得宽敞些，脚掌中间位置不要进行刻意的收拢，前脚掌的形状尽量画得圆中带方，后脚跟的形状则画得方中带圆；后跟线条弧度处理简单些；儿童的脚骨发育特征是脚背高、脚趾短，在童鞋造型中脚背线的刻画尽量高些；童鞋的鞋头厚度约为后跟线的一半或以上，鞋头形状以大圆、方形为主，避免画得太尖；沿着后跟线，描画鞋口线，标出翻缝的位置；描画鞋盖的形状，鞋盖的前后轮廓线成平行关系；标出鞋盖边缘起埂的位置；描画鞋底的厚度线，为鞋底豆豆的造型做准备。造型起稿见图160。

图160　造型起稿

接下来，初学者可以确定帮面造型的细节位置，如鞋盖上大量装饰小花的造型、鞋盖起埂部位褶皱的造型以及鞋底豆豆的造型等。小花的造型关键是花朵结构形态的一致性，先描画小花的中心圆点，确定各朵小花的摆放位置和透视关系；再围绕着小圆画大圆，描画小花的花瓣，确保每一朵花的花瓣数量是正确的；先描画上面的花瓣，再描画下面的花瓣，花朵的层叠要清晰准确。根据褶皱的造型特征，直接用统一的"八"字形状鞋盖起埂部位标出褶皱造型，简单明了，具体请参照前面褶皱造型。最后，画出鞋底豆豆，豆豆的造型不是圆形，而是圆柱体的下半段造型。线条整理见图161。

图161　线条整理

　　整理儿童豆豆鞋的结构线，将所有轮廓线修改至光滑整洁有力量。在帮面折边位置画上均匀的针车线，造型比例略大于真实线；鞋盖边缘起埂的手缝线造型要明显长于针车线；锁口部位的线段造型要严格符合工艺制作要求；在脚弓线、脚背线、后跟线位置都画上明暗交界线，并做适当的明暗处理；上下帮面的边缘画上阴影效果，做适度的晕染；鞋盖上装饰的小花也画上阴影；最后，在鞋底的豆豆上，按照圆柱的造型手法简单的做出素描效果即可。效果图见图162，儿童豆豆鞋的绘制可扫二维码26学习。

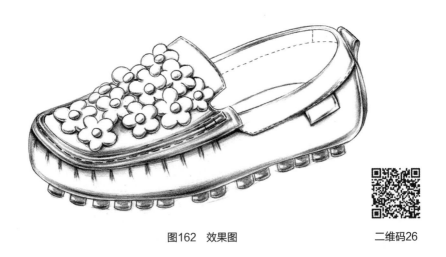

图162　效果图　　　　　　　　　　二维码26

四、系列设计结构图

　　儿童豆豆鞋的设计，围盖部位的设计是重点。

　　下面以圆头、围盖结构，同楦同底进行系列设计，见图163。第一款设计，围盖采用了流行的大小圆点图案，在围盖上增加了横的装饰条，装饰条也采用了圆点图案，外围边缘还做了半圆形花边处理，鞋口翻出了宽边，做了穿条设计，宽边外沿花边处理，将可爱渗透到款式的每一个角落；第二款式设计，围盖上做了平面流苏的设计，上面打了一个简单的蝴蝶结，靠近楦头的围盖部分进行了局部的编织工艺设计，鞋口翻边处是平整的短流苏设计；第三款设计，围盖上做了两道大破浪水纹设计，靠近楦头的围盖部分进行了小区域的冲孔设计，靠近后跟的侧帮出也做了相应的条纹装饰；第四款设计，围盖采用了花瓣的图案，上面放了一个大蝴蝶结，鞋口翻边设计保留了第三款设计的风格。

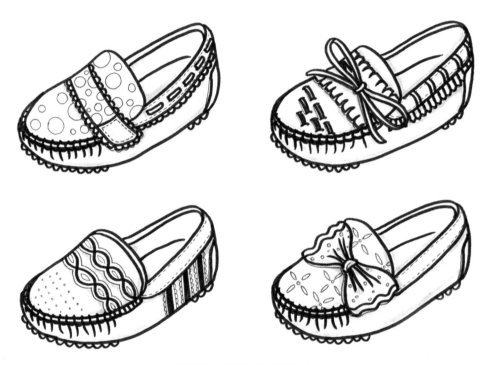

图163　儿童豆豆鞋系列设计

五、同款配色图

在设计之初，随意选择一个相应的款式，自己先对款式的色彩进行实验，选取相对比较满意的配色再放到设计稿中。儿童豆豆鞋先选用亮色，一般是全款颜色两到三种为宜，鞋盖与围条的颜色可以不同，特别艳丽的颜色可以放在鞋盖的装饰配件上，见图164。第一款设计，采用湖蓝为主色调，围盖上面设计了黄色的蝴蝶结装饰扣和装饰片，围盖边缘和鞋口翻边、包括鞋底豆豆都是黄色的面料，与蝴蝶结颜色相呼应，围盖上还做了白色小圆点的装饰，和蝴蝶结的底部颜色呼应；第二款设计，采用橘红为主色调，蝴蝶结、装饰片、围盖上的小圆点、鞋口包边、鞋底等细节处都采用草绿色点缀，遥相呼应；第三款设计，采用浅黄色为主色调，蝴蝶结为红色，有眼前一亮的设计感，其他的细节位置都是设计成草绿色，配色手法与前面两款大致相同；第四款设计，采用粉红色为主调，局部细节搭配黄色，可爱又温暖的色彩感。

图164　同款配色

六、系列设计结构图

儿童豆豆鞋设计点集中在鞋盖和鞋口边缘位置。下面以牛皮反绒面料，同楦同底进行系列设计，见图165。第一款设计，帮面采用湖蓝色为主调，配合局部浅棕色点缀，鞋盖上面有两条装饰片的设计，装饰片上穿孔系蓝色细带，鞋盖边缘采用了起埂工艺设计，也用了浅棕色，鞋口加宽翻边穿蓝色细条，鞋底豆豆为棕色，体现了活泼的设计风格；第二款设计，帮面采用深棕色为款式主调，鞋盖为黑色面料，围条点缀彩色水钻，鞋底豆豆为黑色，与围盖呼应，体现了华丽的设计风格；第三款设计，帮面采用棕色为主调，鞋盖为蓝色面料，镶上带有石头纹路的真皮装饰片，冲孔系带，装饰片与鞋口翻边连成一体，体现了舒适的设计风格；第四款设计，帮面采用蓝色为主调，鞋盖为大颗粒石头纹面料，鞋盖边缘镶嵌了一块棕色的装饰条，装饰条上做了一个装饰扣，体现了休闲的设计风格。

图165　系列设计

[作业1] 完成儿童豆豆鞋款式采集（可局部）效果图1张。

[作业2] 完成儿童豆豆鞋单款（大稿）铅笔造型效果图1张。

[作业3] 完成儿童豆豆鞋（小稿）同楦同底系列款式12个。

[作业4] 完成儿童豆豆鞋勾线练习8个。

[作业5] 完成儿童豆豆鞋同款配色练习8个。

[作业6] 完成儿童豆豆鞋不同款涂色练习8个。

优秀作品欣赏

一、配件

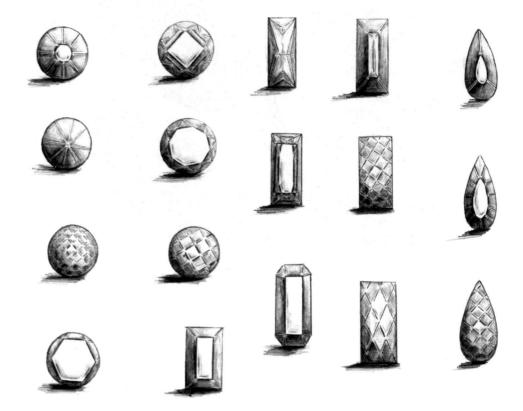

图166　配件1

图167　配件2

图168 配件3

图169 配件4

二、鞋带

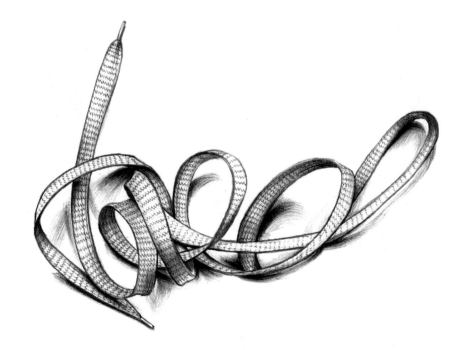

图170　鞋带1

图171　鞋带2

图172　鞋带3

图173　鞋带4

三、童鞋

图174　童鞋1

图175　童鞋2

图176 童鞋3

图177 童鞋4

四、女鞋

图178 女鞋1

图179　女鞋2

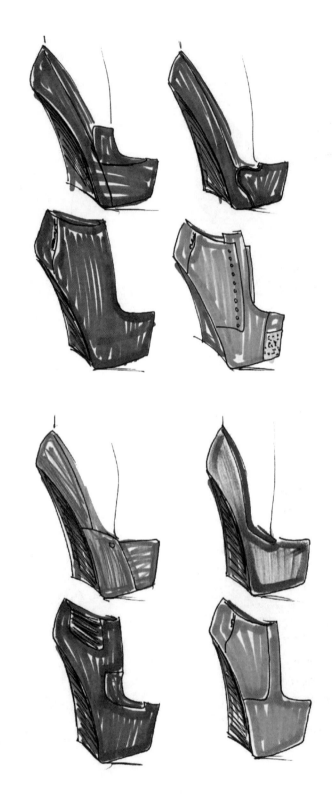

图180　女鞋3

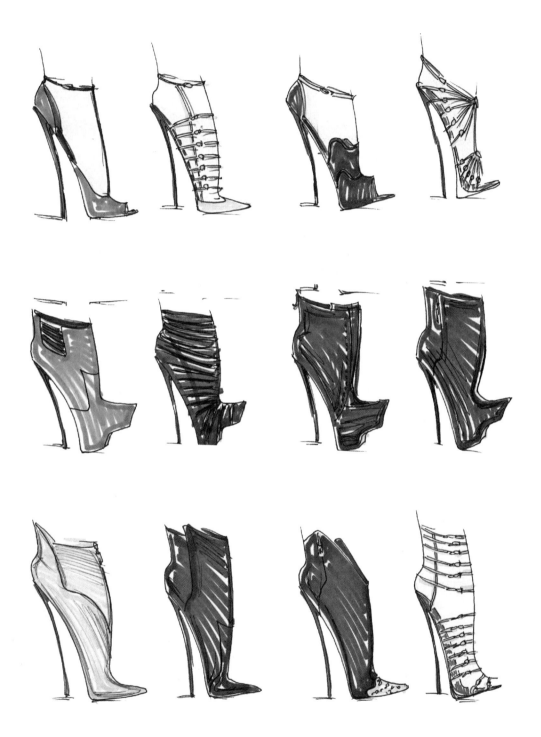

图181 女鞋4

五、男鞋

图182　男鞋1

图183　男鞋2

参考文献

［1］陈念慧．鞋靴设计学［M］．北京：中国轻工业出版社，2015．

［2］柳冠中．工业设计学［M］．哈尔滨：黑龙江科学技术出版社，1996．

［3］田旭桐．新编平面构成教程［M］．南宁：广西美术出版社，1995．

［4］于国瑞．平面构成［M］．北京：清华大学出版社，2012．

［5］李运河．皮鞋设计学［M］．北京：中国轻工业出版社，2011．

［6］施凯，崔同占．鞋类结构设计［M］．北京：高等教育出版社，2018．

［7］李贞．皮具设计［M］．湖南：湖南大学出版社，2009．

［8］孟昕．服饰图案设计［M］．上海：上海人民美术出版社，2016．